David Dieulle - Christophe Tardy

ELLOS HAN PUESTO AGUA EN SUS MOTORES

¿ Por qué no usted ?

ELLOS HAN PUESTO AGUA EN SUS MOTORES
¿ Por qué no usted ?

Impreso por www.lulu.com,
para
David Dieulle and Christophe Tardy

Depósito legal : Abril 2010
ISBN : 978-2-9533413-2-4

Editado por los autores :
D. Dieulle et C. Tardy
Hypnow
Villa Mornaghia
Avenue Montfleuri
F13090 Aix en Provence - FRANCE
hypnow@hypnow.fr

Todos los derechos reservados en todos los paises.
© 2010 DIEULLE - TARDY

Traducido de la versión original francesa (febrero 2009) :
Il ont mis de l'eau dans leurs moteurs, pourquoi pas vous ? (ISBN 978-2-9533413-0-0)
Gracias a Juan Carlos Anduckia

A los niños a quienes estamos tomando en préstamo el planeta:
Leo, Tia, Emile, y todos los demás…

Agradecimientos a

Denis y Dominique
Didier Feret (Ifraco)
Jean-Louis et Elisabeth, y al equipo de APTE

Y a todos aquellos que en una u otra forma nos han ayudado.

Queremos agradecer en particular a Jean-Pierre Petit, quien ha tenido la amabilidad de ilustrar con gracia los toques humorísticos que hemos incluido en el libro para hacer más amena su lectura.
Consideramos un honor poder beneficiarnos de su talento incomparable.

Preámbulo

David y yo escribimos este libro con los objetivos siguientes :

- Hacer un recuento histórico sobre el uso del agua en motores térmicos a través de las publicaciones que consideramos como las más interesantes.
- Contar acerca de nuestra trayectoria en este campo en los últimos cinco años.
- Compartir información técnica fácilmente explotable para que pueda ser usada por técnicos en motores que quieran usar agua además de los denominados carburantes convencionales.

La primera parte está dirigida a aquellos que ya poseen una base técnica sólida y que quieran hacerse a una imagen global del estado del arte. La segunda es un recuento, accesible a todos, que describe con humor y realismo algunas de las etapas claves de nuestro proyecto. La tercera es un verdadero vademecum para principiantes o profesionales que deseen aumentar la eficiencia térmica de los motores en cuestión.

Por razones literarias, esta historia es a menudo narrada por mí, Christophe, en primera persona. Pero que no se preste a confusión, pues David le dio a este libro el soporte técnico que lo convierte en un documento de referencia, y además escribió la tercera parte. Asimismo, fuimos ayudados por profesionales de alto nivel tanto en ciencias físicas como en ingeniería de motores.

Pronto aprenderán que el "motor de agua" es un tema viejo, y que existe una abundante documentación al respecto. El lector interesado podrá continuar sus estudios en la materia usando la fantástica herramienta que es Internet.

Compartiremos con ustedes nuestras conclusiones y creaciones sobre el tema, dado que hemos llegado a crear productos reales y de buen desempeño sin exigir milagros tecnológicos hipotéticos y sin renunciar a las motorizaciones existentes. Los incorregibles y curiosos "toderos" encontrarán en el anexo los planos originales del SPAD que fueron publicados a través de la asociación APTE, así como numerosas otras ideas.

Primera parte

AGUA EN MOTORES

Mitos fundacionales

El motor a base de agua… un sueño de muchos de nosotros, y en caso de hacerse realidad, una pesadilla para el Estado, a menos que decida cargarla con impuestos.

Cuando se ahonda en la literatura técnica y científica no puede uno más que dejarse llevar hacia fascinantes e inusuales investigaciones en las que se mezclan ciencia, historia, economía y el destino de hombres fuera de lo común. El mito del motor a base de agua alimenta todas las fantasías cuando se le asocia con teorías conspiracionistas, con secretos y misteriosas desapariciones de inventores geniales que no tuvieron el tiempo para desarrollar sus inventos. ¿ Qué ocurrió con Meyer y Chambrin ? ¿ Acaso Pantone enloqueció ? ¿ Está realmente en prisión ? Invariablemente, y a nuestro pesar, vamos tras la pista de asombrosas tecnologías ocultas que al público le está vedado conocer. Todos hemos visto almenos una película sobre el tema, que está inscrito en nuestra consciencia colectiva. El escenario está listo : hombres de negro en limosinas con una maleta llena de dinero, o un disparo con silenciador. Grupos de presión, el Estado, las multinacionales, ¿ quién mueve los hilos ?

¿ A quién creer ? ¿ En qué creer ?

Muchos de nosotros no tenemos ni los medios ni las competencias para evaluar estos intrigantes rumores de manera técnica. Sólo intentar leer una patente es toda una aventura. La menor ecuación química requiere que nos sumerjamos de nuevo en nuestros libros y cuadernos escolares, y eso en caso de que lleguemos a tocar el tema. De la misma forma, el oficio del periodista investigativo no puede improvisarse. La reconstrucción de la historia de estos inventores requeriría muchas horas de investigación y de entrevistas, asumiendo que aún fuesen posibles.

La mayor parte del tiempo tropezamos con este tipop de obstáculos y tenemos que conformarnos con dejar volar nuestra imaginación. Los rumores y los mitos nacen de estas extrapolaciones naturales, la cuales se propagan y se amplifican, fundadas o no.

Los principales temas que subyacen a estos rumores tienen que ver con la energía libre. Entre ellos encontramos, por ejemplo, la energía del vacío y los motores sobreunitarios (magnéticos o de otro tipo), el movimiento perpetuo, la electricidad de Tesla y, por supuesto, la energía "oculta" en el agua.

Nuestro mito es justamente el del motor a base de agua. Les contaremos lo que sabemos sobre esta historia, empezando por el célebre fabricante de motores, Clerget.

1898 Clerget

La excelente monografía de Gérard Hartmann sobre Pierre Clerget da una idea acerca del genio de este hombre. Constructor de motores, conoció a Diesel y a Sabatier; era a la vez diseñador y artesano de sus ideas ; construyó varios tipos de motores él mismo con una creatividad y pertinencia que nos deja sin palabras. Las grandes mentes son, en esencia, modernas, y sus ideas permanecen frescas durante años, a veces hasta siglos. Reconozco que siento a Clerget particularmente cerca a mi corazón pues motorizaba aviones y… yo amo los aviones. El primer motor diesel de aeroplano fue construido por Clerget.

Fig. 1 : Clerget y el Morane Saulnier MS230

Pág. 60

Clerget extrae las siguientes conclusiones a partir de sus experimentos en el primer prototipo de motor : **el petróleo con agua adicionada** *arde sin humo*. Este inesperado resultado se confirma con el motor de evaporación (inyección). Reemplazando el agua por alcohol etílico se alcanza una gran potencia. Como esta solución (petróleo y alcohol) es demasiado costosa para un motor automóvil, el alcohol podría ser reemplazado por una solución acuosa de bicromato de potasio, producto de bajo precio. Con la adición de éter nítrico o éter metitnítrico, la potencia supera los 5 caballos, con un consumo específico de 200 g/caballo/h. (NB : ¡ 1898 !).

Pág. 63

... La pobre combustión de la mezcla, en un lapso muy corto de tiempo, explica la baja eficiencia. Una combustión imperfecta, muy violenta y no controlada, es la causa de estos pobres resultados. Cuando se añaden químicos durante la combustión, hay una mejora, , y la potencia del monocilindro pasa de 13 a 50 caballos ! De ahí resulta una eficiencia que pasa de 20 a 60%.

Pág.64

Con inyección de agua la presión baja, la potencia desarrollada en el árbol aumenta y se reduce el golpeteo.

Gérard Hartmann es también autor de un documento electrónico titulado "el motor de agua". En él hace un recuento sobre el uso del agua en los motores, de manera complementaria a la nuestra, más orientado hacia la "aviación". Es de notar que menciona el motor de gas de Hugon, que data de 1865 y que usaba agua para aumentar la potencia, reducir la temperatura y prolongar la vida del motor.

Fig. 2 : El motor a gas de Hugon exhibido en el Conservatoire National des Arts et Métiers en París.

Por supuesto, el documento también cita a Sabatier, absolutamente imprescindible en esta historia, como veremos enseguida.

1920 Sabatier

En su obra "La Catálisis en Química Orgánica", editada en 1920, Paul Sabatier escribió, en el capítulo "Sobre los catalizadores", parágrafo 73, pág. 23, en la sección "Óxidos catalizadores" :

73. Agua.- El agua parece intervenir con frecuencia como catalizador positivo ; **un gran número de reacciones no pueden llevarse a cabo fácilmente sino en presencia de trazas de humedad**. *Las oxidaciones son, por lo general, más difíciles de alcanzar con oxígeno totalmente seco (Dixon, Proc. Roy. Soc., 37, 56; 1884). No se puede provocar la detonación de las mezclas completamente secas de óxidos de carbono y de oxígeno. Una llama de óxido de carbono se apaga en el aire totalmente seco (Traube, Ber., 18, 1890; 1885). El carbono e inclusive el fósforo se rehúsan a arder en oxígeno perfectamente seco (Baker, Chem. Soc., 47, 349; 1886). El hidrógeno y el oxígeno perfectamente secos no se combinan ni siquiera a 1000º C. La mezcla de gas amoniaco y gas clorhídrico desprovistos totalmente de humedad no produce ninguna formación de cloruro de amonio sólido; inversamente, el cloruro de amonio perfectamente seco puede ser evaporado sin ser separado, y su densidad de vapor es normal (Baker, Chem. Soc., 65, 611; 1894).*

El flúor absolutamente seco no afecta al vidrio (Moissan).

Esta útil intervención del agua como catalizador se presenta sólo excepcionalmente en las reacciones de la química orgánica. Debe notarse, sin embargo, que en la oxidación catalítica de los vapores de metanol sobre una espiral de platino incandescente, la presencia de agua favorece la producción de aldehído fórmico. Con alcohol metílico puro, la incandescencia se produce sólo cuando la espiral tiene una temperatura inicial de al menos 400º C., mientras que con la adición de 20 partes de alcohol por 100 de agua, una temperatura inicial de 175º C es suficiente (Trillat, Bull. Soc. Chim., 29, 35 ; 1903).

En 1939, Sabatier escribió lo siguiente en el recuento de una de sus conferencias titulada "Hidrogenaciones directas sobre níquel" :

… Este éxito nos convenció acerca del poder del níquel como catalizador de hidrogenación directa para todas las moléculas volátiles por debajo de 250º C, lo que el señor Senderens y yo nos las hemos arreglado para aplicar de manera útil en múltiples casos, bien sea mediante la eliminación de oxígeno por formación de agua, con sustitución de H ; (…) o bien cuando sólo hay fijación de hidrógeno.

Sabatier desarrolló un carburante sintético con base en sus investigaciones. Este combustible, liviano y barato, ha sido olvidado. Dura es la ley del mercado.

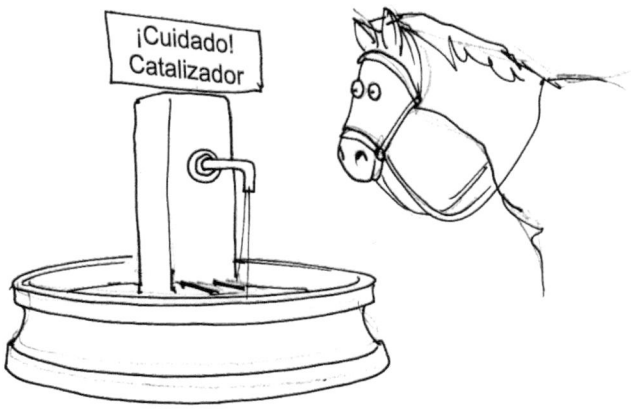

Fig. 3 : El agua es ella misma un catalizador.

1928 Weber

Hace 80 años Emile Weber publicó un libro sorprendente : La combustión y los motores. Los subtítulos son muy iluminadores : el diesel livano, el carburador químico, la ignición y los procesos mecánicos.

El carburador químico… vaya vaya.

Reproducimos aquí algunos pasajes escogidos del libro, visionario en muchos sentidos y absolutamente notable, y que no dejará de despertar la curiosidad de nuestros amigos mecánicos.

página 100

Muchas substancias con un elevado punto de ignición, por ejemplo los hidrocarburos aromáticos, liberan hidrógeno, y si los productos resultantes tienen una temperatura de ignición espontánea mayor que la del hidrógeno, entonces será el hidrógeno el que sirva como ignisor inicial. La temperatura de ignición espontánea está en estrecha relación con aquella a la que se desprende hidrógeno.

página 107

Aufhäuser considera al CO como un radical típico ; "el anhídrido carbónico (CO_2) puede aparecer o desaparecer, pero es el monóxido de carbono el verdadero radical en la combustión".

página 113 (motores de primera clase, de ignición controlada)

Pero el caso ideal es aquel en el que, a partir de los más diversos combustibles líquidos, se puede suministrar al motor una mezcla cuya temperatura de ignición espontánea es alta y constante cualquiera sea la naturaleza del combustible en cuestión. Esto implica una transformación íntima previa, como por ejemplo una descomposición termoquímica (experimento de Wollers y Ehmke).

Llegamos aquí a la noción de "carburador químico", el cual puede conducir a resultados industriales importantes.

página 115 (motores de segunda clase, de ignición espontánea).

En esta segunda clase se trata de descartar todas las circunstancias que naturalmente aumentan la temperatura de ignición espontánea. Por el contrario, los procesos en grado de disminuir esta temperatura deben considerarse como favorables para el encendido y para la combustión. La adición de cuerpos "detonantes" o la constitución de mezclas de baja temperatura de ignición espontánea es, por lo tanto, muy ventajosa.

...

Estos (los motores de segunda clase) poseen de hecho un transformador "químico" : la anticámara. Esta no debe considerarse como una simple cámara de pre-explosión para la inyección puramente mecánica de la carga principal de combustible líquido. Allí ocurre uno de los fenómenos más notables de la técnica termoquímica. Bajo la acción de la pre-explosión, se produce una transformación íntima del combustible en ausencia de oxígeno, pero en presencia de anhídrido carbónico, de vapor de agua y de óxido de carbono. Se puede admitir que lo que sale de la anticámara es un producto gaseoso análogo a aquel producido por el horno experimental de Wollers y Ehemke. Se puede admitir también, aplicando la teoría de Aufhäuser, que bajo la acción de la pre-explosión el "verdadero carbono" entra en juego y que el hidrocarburo líquido resulta transformado en los dos combustibles gaseosos elementales y fundamentales : el hidrógeno y el óxido de carbono.

página 142

La tarea para el porvenir en todos los dominios de la combustión se puede definir como sigue : aumento de la velocidad de transformación del carbono en gas de agua.

página 172

La idea de recurrir a los metales catalíticos debía, en consecuencia, venir de manera natural a la mente de los inventores. Siguiendo la expresión de Pierre Duhem, el rol de estos metales, en efecto, consiste en "acelerar la velocidad de las transformaciones y comportarse como un lubricante que atenuaría las resistencias pasivas y los roces químicos".

página 174 (citación del químico Grebel)

Así pues es racional buscar preparar químicamente, a expensas del calor perdido en los gases de escape, la mezcla detonante antes de su admisión en los cilindros, de manera que se aproxime a la mezcla ideal*. La presencia de un catalizador puede, además, disminuir las temperaturas necesarias para el cracking y para la oxidación del carbono que tendería a depositarse.*

…

Eso es precisamente lo que han obtenido los señores Balachowski y Caire. Haciendo pasar sobre un catalizador calentado por los gases de escape una emulsión de carburante y un poco de aire primario, pirogenan dicho carburante en forma de gas y de vapores de gasolina de cracking cuyas ventajas, desde el punto de vista de la producción de la fuerza motriz, son ahora indiscutidas. Además, el carbono que tendería a liberarse de los hidrocarburos pesados no puede depositarse puesto que es oxidado gradualmente por el aire primario. Sin embargo, la proporción de ese aire debe ser limitada drásticamente para no exagerar la liberación de calorías por fuera de los cilindros, la cual es, ciertamente, compensada por un mejor llenado del diagrama y, en algunos casos, por un préstamo del calor de disociación a los productos de la combustión que salen de los cilindros. Es evidente que la adicion de aire secundario a la mezcla primitiva catalizada debe ser regulada de manera que asegure una combustión perfecta del combustible.

…

Como sea, la substitución del Catalex en lugar de los carburadores físicos permite a partir de ahora aumentar la potencia de los motores automóviles aproximadamente en un 15% y reducir su consumo por caballo-hora en un 20%. Adicionalmente, el carburador químico proporciona una suavidad y placidez de marcha desconocidas hasta ahora.

En la colección "Los Grandes Problemas de la Energía", Weber nunca publicó, hasta donde conocemos, los tomos 2 y 3. Una veintena de volúmenes estaban previstos para 10 años. ¿ Extraño, no ?

El carburador químico catalizado y alimentado con energía mediante el calor de los gases de escape permite convertir todo combustible, inclusive un aceite pesado, en un gas semejante al gas de agua, cuya combustión es ideal para los motores. Familiáricemonos un poco más con ese carburador químico.

1931 El Catalex

Los señores Caire y Balachowski obtienen una patente en los E.U. para el citado carburador químico "Catalex" (US 1,883,552), fruto de la colaboración con Weber.

Aquí hay un resumen del texto original en inglés.
> *Equipo de alimentación de carburante para motor de combustión interna.*
>
> *El equipo consiste en producir un gas explosivo en dos etapas. La primera es la pre-oxidación catalizada de una mezcla muy rica en hidrocarburos y aire "primario", cuya reacción es calentada por los gases de escape. La segunda es la mezcla de los productos de esta oxidación con aire fresco por medio de un mezclador convencional..*

Se precisa en particular que el hidrocarburo utilizado puede ser un aceite pesado pulverizado y que se puede adicionar, por ejemplo, otro líquido no miscible mediante un segundo carburador. Imposible no pensar en el agua. Los croquis que acompañan la patente son sorprendentes, no tanto por su contenido sino por la fecha de la patente. El principio allí descrito, de hecho, está muy cerca del de patentes muy posteriores, como las de Chambrin y Pantone.

El gas que sale arriba y a la izquierda en la figura que sigue es remezclado con aire fresco en un carburador de circulación en espiral, análogo en configuración a una bomba centrífuga. La mezcla se hace entonces con una geometría de la familia de los vórtices.

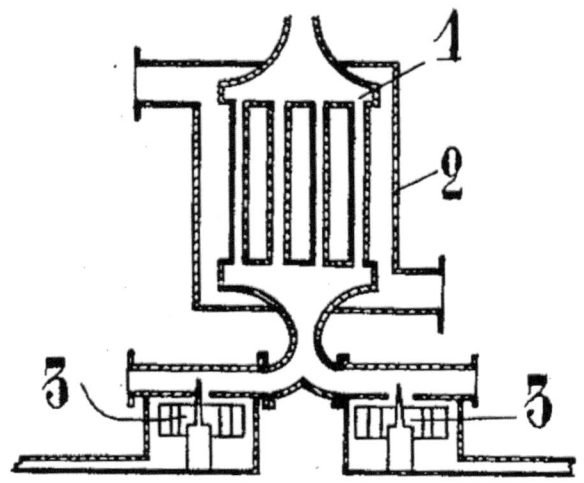

Fig. 4 : figura 6 de la patente Catalex.

Dos carburadores (3) alimentan un reactor catalítico de oxidación parcial (1) calentado por los gases de escape (2) circulantes en la tubería.

Los super carburadores

Cuando se realiza mal, la mezcla de aire y gasolina siempre es una de las causas de un mal rendimiento de la combustión y del motor. Si Weber, Caire y Balachowski exploraron el camino de la pre-oxidación para buscar un remedio, otros inventores trabajaron en la evaporación de carburantes livianos, siendo el objetivo a alcanzar la fase gaseosa.

El 11 de marzo de 1930, **Charles Nelson Pogue** depositó una primera patente US Patent # 1,750,354 relativa a un carburador, cuya característica principal es la de evaporar completamente el combustible a fin de favorecer la combustión.

> *Este invento consiste en la mejora de los carburadores, y su objetivo principal es la producción económica de una mezcla combustible seca adecuadamente proporcionada a partir de un carburante líquido, y más en general el mejoramiento y la simplificación de los medios para alcanzarlo.*
>
> *En particular, el objetivo de este invento es suministrar una alimentación positiva de carburante líquido, de evaporarlo luego de atomizarlo, así como de proceder al precalentamiento de la mezcla combustible.*
>
> *La invención incluye, por construcción, los medios para mantener la alimentación de carburante líquido y de atomizarlo, los medios para llevar dicho carburante a presión a la vez por bombeo y por un inyector de aire comprimido, los medios para calentar la cámara de evaporación mediante los gases de escape del motor, y los medios para mezclar gas y vapores en esta cámara.*

De especial interés para nosotros es un pasaje en el que se menciona el uso de agua como una opción completamente anodina, apenas natural.

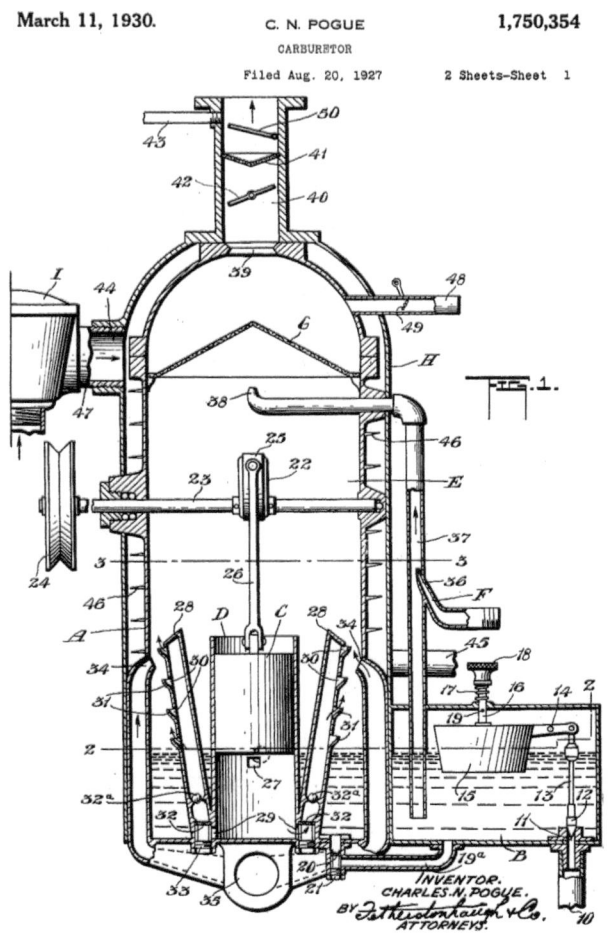

Fig. 5 : Primer carburador Pogue.

Si se desea, se puede introducir vapor de agua a la mezcla de carburante, lo que puede ser hecho mediante el tubo 43 (arriba a la izquierda en el dibujo), conectado al conducto 40.

Los desempeños reales del sistema han despertado y despiertan aún numerosas polémicas, pero lo que nos interesa aquí es sobre todo la evocación del agua como aditivo. Las mejoras aportadas por Pogue en sus siguientes dos patentes tienen que ver en particular con el mecanismo y la geometría del conjunto, por ejemplo la idea de una cámara de evaporación en espiral. Dejamos en sus manos profundizar el tema.

En 1980, **Alan L. Francoeur** comienza a pensar en un sistema comparable, de concepción propia, bautizado "Evaporador ALF". Tal como Pogue, busca producir, a partir de carburante líquido, vapores densos y sin gotículas. También él usa el calor del motor, el del líquido de refrigeración o el del gas de escape para esta evaporación. Sus trabajos, de largo aliento, son notables en pragmatismo y en simplicidad.

Una de las dificultades es evaporar los componentes más pesados de la gasolina para evitar que se concentren y espesen la mezcla inicial en el tanque. De hecho, una de las astucias del sistema consiste en reenviar al tanque el carburante no evaporado. El resultado, en el 2003 (el dibujo original data del 14 de febrero) es un dispositivo concreto que le permitió lograr ahorros substanciales y una espectacular disminución de la polución en el propio vehículo, con pruebas que lo apoyan (pero cuidado : no lo hemos verificado por nuestra cuenta).

Este aparato utiliza todo lo posible para evaporar el carburante : calor, pulverización, burbujeo. Los hallazgos técnicos de este evaporador parecen obvios, pero son geniales en el sentido de que son reproducibles con medios accesibles, lo que constituye para nosotros un criterio de excelencia.

El inventor publicó sus trabajos en Internet. A pesar de que no hace ninguna mención al agua, sus investigaciones son un elemento importante del rompecabezas al mostrar que la fase gaseosa es primordial para una combustión ideal.

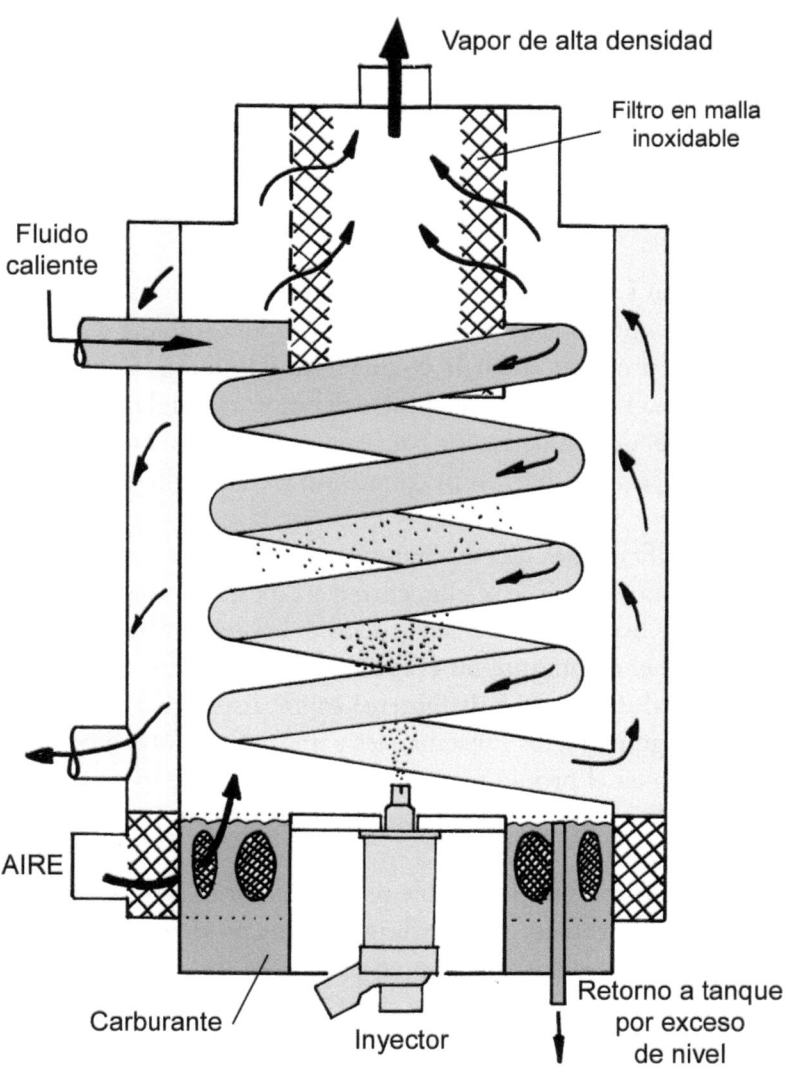

Fig 6 : Nuestro análisis simplificado del "Evaporador ALF".

Resulta útil, para terminar, citar los trabajos de **René Hérail**. A partir de 1974 comienza la puesta a punto de un dispositivo que buscaba el mismo objetivo de evaporación. La gotita es su enemigo declarado. Esta ya no se evapora más luego de la volatilización de los componentes livianos, sino que absorbe energía en el momento de la combustión y produce gases de polución que son eliminados por el catalizador. Parece casi una herejía actuar después de la combustión y no antes. Los carburadores e inyectores no son, en su opinión, buenas herramientas para una buena evaporación.

Propone entonces utilizar el vacío para eso, lo que es de una lógica imparable. Se trata de un procedimiento de química bien conocido que permite destilar un líquido, por ejemplo mediante un alambique. René Hérail estima en cinco milésimas de segundo el tiempo de descomposición del carburante bajo el efecto del vacío, duración perfectamente compatible con la velocidad de los motores actuales.

Una ventaja colateral, debida una vez más a la utilización de un gas, es una combustión mucho más homogénea que permite regular el momento del encendido con precisión, y no buscando un compromiso azaroso entre las diferentes detonaciones de los componentes.
Este concepto, magnífico, puede muy bien combinarse con los dos precedentes para dar lugar a un dispositivo que agrupe todas sus ventajas.

Notemos de paso, así mismo, que hay un lugar en el que no se sabe qué hacer con los vapores de la gasolina : el tanque. Este debe poder respirar, es decir dejar entrar aire cuando la gasolina se consume, y dejar escapar los vapores de la misma cuando la presión de vapor saturante excede la presión atmosférica. De lo contrario, el tanque implosiona o explota. La primera idea sería recuperar esos vapores mediante una manguera y llevarlos como complemento para la carburación. La segunda idea sería utilizar esos vapores ya existentes mezclándolos con aire húmedo antes de someter todo a un reactor catalítico. Tema que continuará... en los capítulos siguientes.

Fig. 7 : Objetivo : gasificar el carburante.

1941 El gasógeno

El famoso gas de agua, como se ha visto, está compuesto idealmente de óxido de carbono y de hidrógeno. Cuando se lo obtiene a partir de madera, constituye una fuente de energía renovable entusiasmante dado que es aplicable a los motores existentes.

Fioc y Legrain publicaron en 1941 una obra apasionante sobre las nociones teóricas y prácticas de este proceso, algunos de cuyos pasajes son para recordar :

Página 10 :

Los constituyentes combustibles del gas de gasógeno, que son esencialmente el óxido de carbono CO, el hidrógeno H_2 y el metano CH_4, tienen un punto de inflamabiliidad espontánea relativamente alto. En oxígeno puro, y a la presión atmosférica, dicho punto es de :

650º C aproximadamente para el óxido de carbono

590º C para el hidrógeno

650 a 750º C para el metano.

En las mismas condiciones, el punto de inflamabilidad de los otros combustibles usados en los motores de combustión interna es de :

487º C para el hexano C_6H_{14}, el cual es uno de los componentes esenciales de la gasolina

470º C para la gasolina

380º C para el petróleo lampante

350º C para el gasóleo.

Estas cifras no tienen más que valor relativo pues las condiciones en las que fueron determinadas son muy diferentes de aquellas en las cuales debe efectuarse en la práctica la ignición de la mezcla detonante. Se puede concluir, sin embargo, que es posible, por medio del gas de gasógeno, alcanzar tasas de compresión más elevadas que con la gasolina, sin tener que temer al fenómeno del auto-encendido o de la detonación.

Página 15

Algunos constructores preconizan la fabricación de motores de gasógeno a partir no del motor de gasolina sino del diesel. Este tiene, de hecho, una tasa de compresión elevada, comprendida entre 12 y 17, y su concepción es particularmente robusta.

En nuestra opinión, los motores diesel son claramente más apropiados que los motores de gasolina para el uso de gas, en razón de las tasas de compresión más adecuadas.

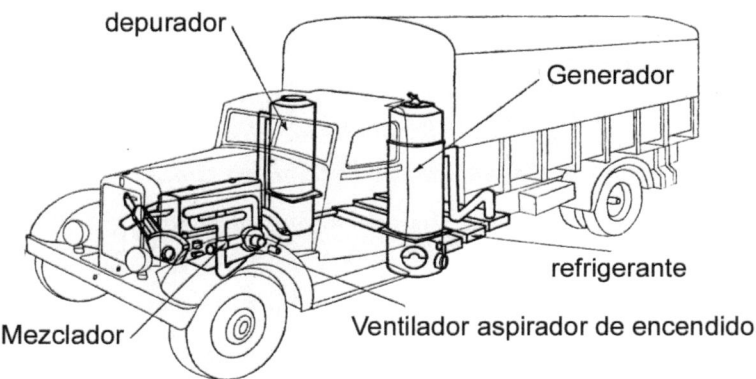

Fig. 8 : Implementación de un gasógeno por Berliet.
(Fioc - Legrain)

Este gas de agua está compuesto idealmente de hidrógeno y de óxido de carbono, resultado de la transformación del carbono sólido y del agua durante la reacción no. 4 descrita en el capítulo III.

$$H_2O + C \rightarrow 2H + CO$$

Esta reacción es claramente preferible a las otras dado que los dos gases producidos son combustibles. Aquí vuelven a aparecer las ideas de Weber.

**Fig. 9 : El vehículo de gasógeno de Gaston Lagaffe.
¿ En la cima del progreso en 20 años ?**

Será útil recordar estos datos cuando leamos más adelante los principios de la patente Pantone. El hollín de los gases de escape es todo o parte de carbono sólido que al ser recombinado con agua permite obtener los mismos productos que son obtenidos con el gasógeno. Pero los gases de escape están bajo presión, y resulta muy difícil controlar su reutilización con medios simples y poco costosos, para cualquier carga y régimen.

Una versión mucho más reciente de este proceso hace parte del proyecto "Cyclecar" de Philippe Rousseau, y presenta una originalidad de interés. En este caso, el gas es generado por el paso de vapor de agua en un tubo de carbono finamente dividido (Carbone Lorraine) que constituye la parte consumible de la reacción. Este tubo está rodeado de un enrollamiento resistivo destinado a aportar las calorías necesarias para la reacción (¿ y un campo magnético ?).

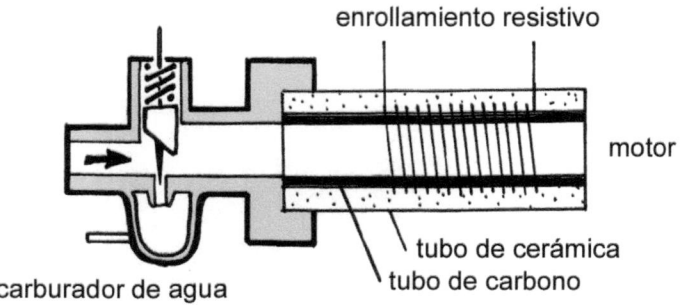

Fig. 10 : El motor de agua según Rousseau.

El proceso es espectacular puesto que se tiene la impresión de que el motor no consume sino agua. El carbono, ciertamente, también se consume, pero de manera mucho más discreta. De manera que la aplicación a vehíclos livianos equipados con un motor de 2CV es muy sugestiva (buscar "Pembleton cars" en Internet).

1950 Cochez

Nuestro querido amigo Jacques Juan, además de ser un genial inventor, es un museo ambulante, es decir que no sólo es capaz de hablar durante horas seguidas sin parar, sino que además siempre lo que dice es apasionante. Al regreso de una comida en Sanary sur Mer, donde degustamos mejillones de la región de un tamaño respetable, me anuncia calmadamente que ha oido hablar de un cierto Jean Cochez que en su época participaba en carreras automovilísticas con Talbot-Lago, al volante de un T26 Grand Sport. El sujeto, me dijo Juan, patentó en su época un carburador para dopar con agua su motor de competición. Siendo el mundo un pañuelo, Jacques conoció a su hijo en Sanary. La sangre me hirvió en ese momento y me precipité a la web para buscar trazas de él.

Fig.11 : El Talbot-Lago T26 Grand Sport Coupé de 1954.

Una vez más, ¡ cuál no sería mi sorpresa al descubrir un proceso (patentado bajo el número CH283190A) destinado a obtener una mezcla homogénea de carburante, de aire y de agua !
Una idea surge del estudio de esos diseños : una derivación colocada cerca de la mariposa puede, al ralentí, ser sometida a una débil depresión para luego pasar a baja presión de la abertura a la aceleración. Es una manera elegante de no desencadenar el dopaje con agua sin sólo hasta después del ralentí. ¡ Pensemos en todos los viejos motores de carburador que aún están en servicio, especialmente en Africa ! Es posible

que se pueda hacer algo por ellos...

Volvamos al documento mencionado y citemos algunos pasajes importantes :

> ... Se ha intentado mejorar el rendimiento térmico de un motor de explosión pulverizando agua en una mezcla de carburante y agua suministrada a dicho motor.
>
> ... La aplicación de esta idea no ha brindado las ventajas esperadas debido a una mezcla insuficiente de agua pulverizada, de carburante y de aire.
>
> ... **Según el proceso objeto de la invención, se inyectan el carburante y el agua finamente pulverizados dentro de una corriente de aire, y se hace pasar la mezcla resultante a través de un conducto en la sección de paso en la que las partes eléctricamente aisladas tienen salientes, con el fin de que la mezcla se ionice por fricción con esas partes y se vuelva homogénea por la repulsión mutua de las partículas cargadas.**
>
> ... En los ensayos con un automóvil equipado con dos carburadores, como el descrito, el inventor ha constatado, con respecto al funcionamiento normal de ese mismo vehículo, equipado con carburadores conocidos, una sensible disminución del consumo de gasolina y un leve aumento de la potencia, con un aumento sensible de la velocidad máxima del vehículo.
>
> El régimen del motor parecería más suave y agradable con los carburadores del tipo descrito, y el motor se calentaría menos, siendo la temperatura del agua del radiador de 70º C en lugar de 80º C con los carburadores originales.
>
> **Ensayos prolongados, durante los cuales el motor fue con frecuencia desmontado, han demostrado que el agua pulverizada en la mezcla no tuvo ninguna acción negativa sobre el motor, en particular sobre sus válvulas, pistones, culata y otras partes internas de los cilindros.**

¡ Lo más interesante es este último parágrafo, que revela que el agua no es en nada nociva para los motores !

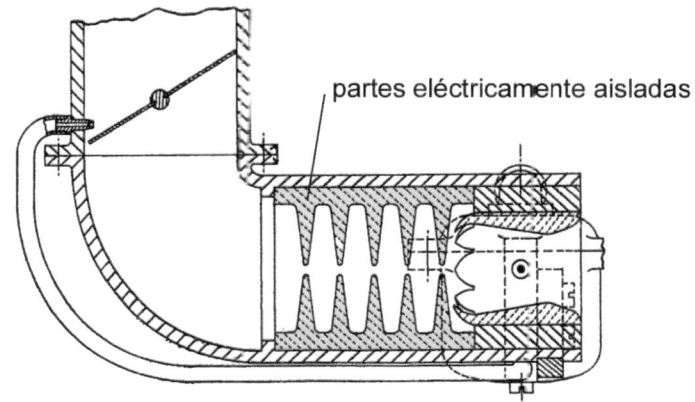

Fig. 12 : **Figura 1 de la patente de Cochez.**

En el mismo tono, citemos el proceso VIX, inventado (reinventado) en los años 70's por Richard en Bourget du Lac, el cual permite inyectar después del carburador de un motor a gasolina una ínfima cantidad de agua, lo que resulta en una disminución de la carbonilla (calamina) y de la polución, y en un ahorro de 30%.

Pratt y Whitney

Habiendo sido mecánico de motores Pratt & Whitney R2800 de Douglas DC6, Jacques me cuenta que en aquella época la inyección de agua con metanol adicionado era un "clásico".

¡ Cuál no sería mi sorpresa cuando él pone enfrente mío el segundo tomo del manual de uso de ese avión, que conservó como recuerdo a su paso por Djibouti !

Fig. 13 : Pratt y Whitney R2800, cuyas versiones más potentes alcanzaban 2800 caballos.

He aquí un extracto de la tabla de contenido. Desafortunadamente, la inyección de agua es descrita en el primer tomo.

LINE MAINTENANCE MANUAL
Douglas DC6B

	Chapter and Section	Page No.
water/alcohol drain and shut-off valve	2	3-47
water/alcohol injection system	2	3-37
Water/Alcohol Injection System	2	3-39
water/alcohol injection system electrical equipment mounting bracket	2	3-56
Water/Alcohol Injection System Flow Schematic	2	3-59
water/alcohol injection system, ground check-out	2	3-57
water/alcohol injection system, inspection	2	3-37
water/alcohol injection system manual control switches	2	3-57
Water/Alcohol Injection System Manual Control Switches	2	3-58
water/alcohol injection system, preparing, for storage	2	3-60
water/alcohol injection system, reactivating	2	3-60
water/alcohol oil pressure switches	2	3-54
water/alcohol pressure check valves	2	3-57
water/alcohol pressure indicators	2	3-55
Water/Alcohol Pressure Indicators	2	3-55
water/alcohol pressure transmitters	2	3-55
water/alcohol pressure-warning indicator light switches	2	3-55
water/alcohol pressure-warning indicator lights	2	3-56
Water/Alcohol Pressure Warning Indicator Lights	2	3-56
water/alcohol pumps	2	3-49
Water/Alcohol Regulator Installed	2	3-52
Water/Alcohol Regulator with External Unmetered Fuel Plug Installed	2	3-53
water/alcohol regulators	2	3-51
water/alcohol solenoid check valves	2	3-57
water/alcohol strainers	2	3-51
Water/Alcohol Tank Assembly — Inboard Engines	2	3-43
Water/Alcohol Tank Assembly — Outboard Engines	2	3-42
water/alcohol tank quantity indicators	2	3-49
Water/Alcohol Tank Quantity Indicators	2	3-49
water/alcohol tank quantity liquidometer transmitter	2	3-48
water/alcohol tanks	2	3-41

Fig. 14 : Tabla de contenido del manual del DC6.

El Pratt & Whitney R-2800 "Double Wasp" fue un motor célebre en la segunda guerra mundial. Representante del vasto linaje de los "Wasp", era un motor radial enfriado por aire, con dos filas de 9 cilindros, para un total de 18. Su cilindrada era de 46 litros, con un calibre de 5,75 pulgadas y un recorrido de 6 pulgadas. Era fácilmente identificable visto de frente gracias a sus dos magnetos gemelos, cada uno corrido a un costado por encima del carter de reductor. El R2800 se convirtió en legendario por haber sido utilizado en aviones míticos como el F4U Corsair de Pappy Boyington, el P47 Thunderbolt y el Grumann F6F Hellcat. Durante la guerra, Pratt & Whitney no dejó de mejorarlo aportando nuevas ideas como la inyección de agua, destinada a dar urgentemente potencia suplementaria en los combates. En las primeras versiones la cantidad de agua era controlada manualmente, pero muy pronto se volvió automática cuando la palanca de los gases era empujada hasta sus 2 últimos centímetros. Las canalizaciones estaban unidas directamente a un inyector de una veintena de centímetros en toda la mitad del enorme carburador, según nos explicó Jacques. Los índices de octano obtenidos alcanzaban 130. Dicho motor aún es utilizado en los bombarderos de agua Canadair CL215, así como en los warbirds de colección, dando prueba de su robustez, de su confiabilidad y de su longevidad.

Fig. 15 : Vought F4U-5NL Corsair.

1974-1975 Chambrin

La solicitud de patente de invención no. 74 04473 realizada por Jean Chambrin, 9, rue du Renard en 76000 Rouen, el 11 de febrero de 1974, conlleva una reinvindación única que reproducimos a continuación.

Dispositivo de conversión de un motor de combustión con miras a su alimentación con un carburante adicionado con agua, en particular a base de alcohol, dispositivo del género que comporta un intercambiador de precalentamiento de la mezcla carburada, caracterizado por la puesta a punto, con miras a la utilización con una mezcla acuosa de alcohol titulante de almenos 50º alcohólicos, de un intercambiador tipo Seguin con una parte central atravesada por los gases de escape y rodeada de cuerpos tubulares coaxiales con perforaciones, en combinación con almenos una resistencia eléctrica de precalentamiento y con un medio de ionización positiva de la mezcla así precalentada.

Poco antes se precisa que :

Esta caldera permite romper las moléculas de carburante mezcladas con agua gracias a un fuerte potencial positivo cuya frecuencia varía entre 2 Hz y 2 MHz , producido por un oscilador de poca potencia, alimentado por la batería, con el fin de crear una región polarizada y acelerar la introducción de dichas moléculas en las cámaras de combustión.

La solicitud de adición no. 74 39 457 del 3 de diciembre de 1974 aporta indicaciones bastante interesantes, algunos de cuyos pasajes reproducimos aquí :

Un electrodo metálico 25 atraviesa igualmente de manera impermeable la masa aislante 23, y lleva en su extremo externo 25a un borne para la unión con una fuente de potencial positivo (no representada), superior a 12 KV. Esta fuente de potencial puede formarse fácilmente con un oscilador electrónico alimentando el primario de un transformador elevador de tensión, con un rectificador colocado en el secundario de este transformador a fin de enderezar la tensión secundaria y suministrar así el potencial positivo deseado.

...

3. Dispositivo según la reivindicación 1 o 2, caracterizado por una tubería equipada con almenos un medio eléctrico que incluye una resistencia calentadora 24 recorrida por una corriente durante la puesta en marcha del motor, y un electrodo 25 aislado llevado a un potencial positivo de almenos 12 KV.

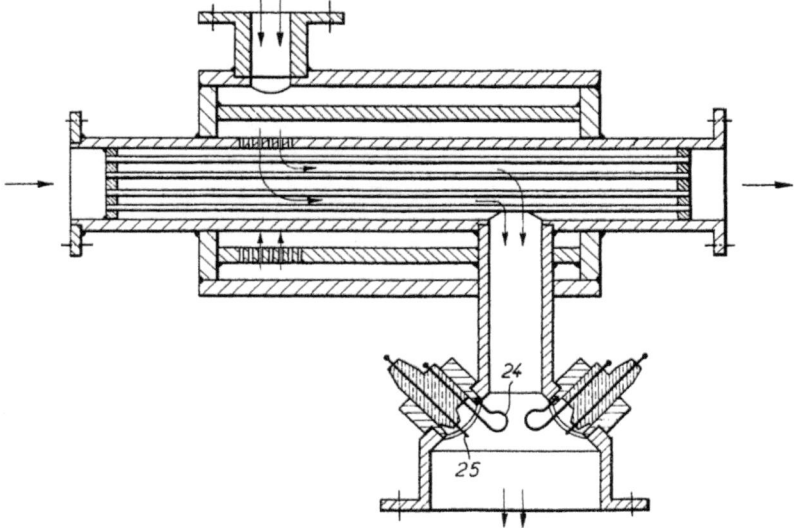

Fig. 16 : Principio de la patente de Chambrin.

Los gases de escape van de izquierda a derecha.
La alimentación del motor va de arriba hacia abajo.

La solicitud de patente de invención no. 75 06619 realizada por Chambrin el 25 de febrero de 1975 tiene en la primera página el siguiente resumen :

Aparato y combinación de medios que permiten la preparación de una mezcla de agua y de carburante, y, al límite, de agua pura, provocando una reacción termoquímica productora de hidrógeno y de un estado plasmático de la materia para su utilización en un motor térmico o en un sistema de calentamiento.

Siguen a continuación algunos extractos de la patente que demuestran sin lugar a equívoco el grado de madurez del proyecto de Chambrin en 1975. El primer pasaje sigue a una lista de inconvenientes de la producción de hidrógeno no embarcado:

Siguen a continuación algunos extractos de la patente que demuestran sin lugar a equívoco el grado de madurez del proyecto de Chambrin en 1975. El primer pasaje sigue a una lista de inconvenientes de la producción de hidrógeno no embarcado:

El dispositivo resultado de la invención permite evitar estos inconvenientes (consumo de energía previa, almacenamiento, transporte y manipulación antes mencionados) puesto que consiste en obtener rápida y directamente la descomposición TERMOQUÍMICA DEL AGUA, A MEDIDA de su utilización...

…

El aparato es esencialmente un INTERCAMBIADOR TÉRMICO de ALTA TEMPERATURA, de tipo ESTÁTICO, que tiene como efecto provocar, a partir de un cierto régimen térmico, una descomposición TERMOQUÍMICA parcial o total de la mezcla introducida o de sus componentes, llevando a un ESTADO PLASMÁTICO DE LA MATERIA con producción de hidrógeno.

…

… es de interés que aquél (el motor) presenta una TASA DE COMPRESIÓN del orden de 11 a 12…

… La mezcla fría, pulverizada y difundida en la tubería que desemboca en la zona menos caliente, se recalienta progresivamente mediante giros al contacto con las paredes de las envolturas periféricas, antes de penetrar al núcleo central donde es llevada a una TEMPERATURA MÁXIMA al momento de su introducción en el colector de admisión del motor por un tubo ubicado en la zona más caliente, comunicando así el núcleo central con el motor siguiendo la trayectoria más corta posible.

…

Un canal desemboca directamente en la tubería o en sus vecindades; tiene como propósito canalizar el aire, previamente recalentado al máximo, al nivel de la mezcla acondicionada y en el seno de la reacción termoquímica interna. El oxígeno así introducido juega el papel de reactivo.

…

EL SENTIDO DE FLUJO DE LA MEZCLA DEBE IMPERATIVAMENTE CORRESPONDER AL SENTIDO DE ROTACIÓN DEL MOTOR, de modo que se evite la influencia de campos magnéticos antagonistas susceptibles de frenar el flujo de la mezcla en su movimiento turbulento.

…

Un medio de ionización de la mezcla introducida debe ser previsto si el bloque del motor está aislado del suelo, y puede conseguirse con la ayuda de un oscilador electrónico independiente del aparato.

…

Como consecuencia de la depresión interna y del movimiento turbulento del fluido, el interior del aparato es sede de un "campo magnético". Un medio de aceleración de la mezcla consiste en dotar al aparato de enrollamientos eléctricos cuyo fin es generar un flujo magnético con el mismo sentido de flujo del fluido.

La lectura de estos fragmentos es elocuente. Desde 1975 Chambrin le ha dado claramente vuelta al asunto, desde su propio punto de vista.

L'automobile no. 338 de julio de 1974 contiene una entrevista con Chambrin y su asociado Jojon. He aquí algunos pasajes :

Pregunta : ¿ Cómo funciona este motor con respecto a un motor clásico ?

Respuesta : (Jack Jojon aplasta su cigarro) : "es muy fácil". Hay dos partes en este motor. La una es mecánica, la otra electrónica. La parte mecánica es una cámara de cracking tipo marmita de Seguin. La parte electrónica, la segunda, es aquella a la cual se envía una muy alta tensión de varios kilovoltios, picoamperios y alta frecuencia. El principio es este : usted sabe que el agua se "rompe", se transforma en oxígeno e hidrógeno hacia los 2000 a 2300º C. Se requiere entonces bajar esta temperatura con la ayuda de elementos bien sea físicos, como en nuestro caso, o químicos, como en el caso del sistema empleado en los futuros reactores de muy alta temperatura; o con la ayuda de cuatro a cinco reacciones a 730 ºC o a 1050 ºC se puede provocar la ruptura del agua, para recuperar el hidrógeno y el oxígeno.

Chambrin y yo nos hemos ido en contravía a esta dificultad. A grandes rasgos, hemos razonado de la siguiente manera: podemos fácilmente obtener cerca de 700 a 800 ºC. A partir de ese momento debemos encontrar una solución simple y poco costosa que nos permita mantener esta temperatura y enseguida romper el agua. Por las dudas, hemos procedido por etapas. Primero pensamos en alcohol. Sencillamente porque éste es bien miscible con el agua y porque ya teníamos suficientes problemas sin siquiera haber ensayado un barbotín y otras soluciones igualmente complejas. Tenemos entonces un producto, una mezcla si lo prefiere, que penetra al tubo de admisión a 750 ºC, que enseguida se encuentra con una barrera de potencial, momento a partir del cual se produce el fenómeno de separación que hace girar el motor. Cuando digo barrera de potencial quiero decir que estamos en presencia de tres elementos precisos. Primero, de una frecuencia de alguna manera cortada por la luz. Segundo, de una alta frecuencia que tiene como fin romper la molécula (la alta tensión). Tercero, de una frecuencia relativamente baja cuya finalidad es delimitar la zona o el suministro. (falta evidentemente una palabra al final de la frase).

Fig 17 : Chambrin y Jojon

El artículo de France Soir escrito por Michel Le Paire en la época merece igualmente nuestra atención pues uno de sus parágrafos da a entender que los dos amigos tenían como proyecto un funcionamiento 100% a base de agua, lo que resulta sorprendente y debe ser tomado con cierta prudencia por muy entusiasmante que sea esta perspectiva :

> …
>
> *El principio de funcionamiento se esconde en una caja en cubierta de acero de 20 cm por 10, situada entre el carburador y el colector de admisión, una caja que ya ha absorbido otras mezclas más problemáticas que 60% de agua y 40% de alcohol.*
>
> *"El motor operó con 90% de agua y 10% de alcohol, y hasta con sólo agua pura", afirma Chambrin.*

Finalmente, y en aras de la cultura general, recordemos que Marc Seguin es famoso por la invención, en 1827, de la caldera tubular de vapor o caldera de tubos de humo que equipó la locomotora de la primera línea férrea francesa entre Saint Etienne y Lyon. Su invento es de envergadura internacional dado que fue retomada ampliamente por Georges Stephenson para ganar el concurso de velocidad con "The Rocket" en 1829. Fue este el detonante histórico de la utilización del vapor en tanto que potencia motriz.

Luego de construir diferentes tipos de motores, sus pequeños hijos, los hermanos Louis, Laurent y Augustin Seguin, se lanzaron en 1907 a la fabricación de un motor rotativo para avión, el Omega, dotado de 7 cilindros dispuestos en forma de estrella. Quince meses más tarde, el motor de aeroplano Gnôme Omega estaba listo. La sociedad de Motores Gnome se convirtió en 1915 en la sociedad Gnome & Rhôme, luego de la absorción de la sociedad Le Rhône de Louis Verdet, en el mismo año en que Clerget producía su motor 9B de 130 caballos. La sociedad fue nacionalizada y rebautizada como Snecma en 1945.

¡ Qué época !

Fig 18 : Marc Seguin

¿ Alcohol o agua ?

Si bien este no es en efecto y a primera vista el tema, en un libro titulado "Alcohol Carburante, Producción y Utilización para el aficionado" escrito por Larry W. Carley (traducido en 1983 por M. Frey), se encuentra claramente la descripción del sistema de inyección de agua y de alcohol en motores diesel y de gasolina. A él volveremos más adelante, pero del capítulo sobre carburantes a base de alcohol extractamos ya estos parágrafos de la página 180 :

Como se indicó anteriormente, los carburantes a base de alcohol no necesitan estar totalmente exentos de agua. Incluso un 10% de agua en el carburante produce un efecto benéfico desde el punto de vista de la potencia global y del rendimiento del carburante. El agua aumenta la potencia cuando es convertida en vapor.

Las temperaturas de combustión transforman las gotículas de agua en vapor. Esto aumenta la presión ya existente en los cilindros y produce una leve potencia adicional en los pistones. Pero, y esto es más importante, la evaporación del agua consume calor – cerca de 1100 calorías por gramo – en un momento crítico. En lugar de tener un fuerte pico de temperatura seguido de una caída brusca, la combustión es más progresiva. Esto aumenta, de hecho, la duración de la combustión y permite obtener una presión global mayor, y por lo tanto más potencia.

Este punto de vista es interesante en sí pues pregona la inyección de agua simple con argumentos puramente termodinámicos. Hay que tener presente que si las gotículas de agua llegan hasta la cámara de combustión, el autor afirma, a grandes rasgos, que "así es mejor". Esta afirmación es corroborada por numerosos testimonios que describen un mejor funcionamiento de cualquier motor con tiempo lluvioso, y aún mejor, con niebla.

Las Techniques de l'Ingénieur, enciclopedia bien conocida por especialistas y no especialistas, es la biblia que reúne el saber "oficial" de científicos e ingenieros, y es utilizada a diario por los más prestigiosos equipos de investigación y desarrollo. Allí se encuentra, entre otros, en la edición consagrada a las máquinas, una colección de motores exóticos, desde los más simples de tipo Stirling hasta los conceptualmente más complejos.

En esa obra, en el capítulo "Reducción de las emisiones de contaminantes" (B 2700 - 30), el parágrafo 9.14 está consagrado a la inyección de agua (tratado Mecánica y Calor).

En resumen, se dice que "La inyección de agua al aire admitido por el motor permite bajar las temperaturas de combustión y reducir las concentraciones de oxígeno por una dilución con el vapor de agua".
Se precisa además que se obtiene una reducción importante de las emisiones de NOx, y que las cantidades de agua introducidas pueden representar el 50% de la masa de fuel inyectada.

Se precisa claramente que su empleo **se observa rara vez** en razón de un cierto número de restricciones ligadas al uso, como por ejemplo los **riesgos de error de llenado** entre el depósito de agua y el de combustible, "a pesar de sus ventajas en cuanto a las emisiones y al consumo".

Pero volvamos a los sistemas de inyección. En la obra "Alcool Carburant" se explica bien que para un motor diesel el alcohol puro no es un carburante posible puesto que no se enciende espontáneamente.

Un diesel funciona de la siguiente manera: el aire aspirado a través del colector de admisión (no hay carburador) es enviado a los cilindros. Cuando los pistones se aproximan a su punto muerto más alto, las fuerzas de compresión vuelven el aire extremadamente caliente – bastante caliente como para encender cualquier carburante* que entrara en contacto con él. En ese preciso momento el inyector pulveriza un fino *vapor de carburante directamente en el cilindro. Este reencuentra el aire ardiendo y se enciende espontáneamente.*

* Cuya temperatura de encendido espontáneo sea suficientemente baja, como el gasóleo. Se habla de un indice de cetano para caracterizar la capacidad de un carburante de arder bajo el efecto de la compresión. El alcohol tiene un elevado índice de cetano, lo que quiere decir que no se enciende espontáneamente, a pesar de ser más volátil que el gasóleo.

A continuación el autor describe sistemas simples de inyección de alcohol al aire de admisión de un motor de gasolina con carburador, y de un motor diesel. En este último caso, se describe en particular un depósito de agua/alcohol presurizado por el turbo. Una simple búsqueda en Internet revela la existencia de muchos de estos kits actualmente en venta.

Continuemos nuestra lectura :

Página 184

Inyección de vapor.

El alcohol puede ser utilizado como carburante adicional en un motor de bujías de encendido alimentado con gasolina. Un quemador pulveriza finamente una nube de alcohol en la parte alta del filtro de aire, directamente encima del venturi del carburador....

En lugar de alcohol a 95 o 100º, necesario para hacer el gasool (mezcla de alcohol / gasolina) se pueden usar alcoholes carburantes con un contenido de hasta 20% de agua.

...

página 218

Sistema de inyección agua / alcohol para diesels.

...

La inyección de una mezcla (al 50/50) de agua y de alcohol en el flujo de aire aspirado por un motor diesel en carga aumenta la potencia entregada, reduce las temperaturas de admisión y de escape y prolonga la vida del motor. La sola reducción del consumo de gasóleo (30%) hace de por sí interesante el empleo del sistema.

¿ Todo esto no les recuerda lo que decía Clerget ?

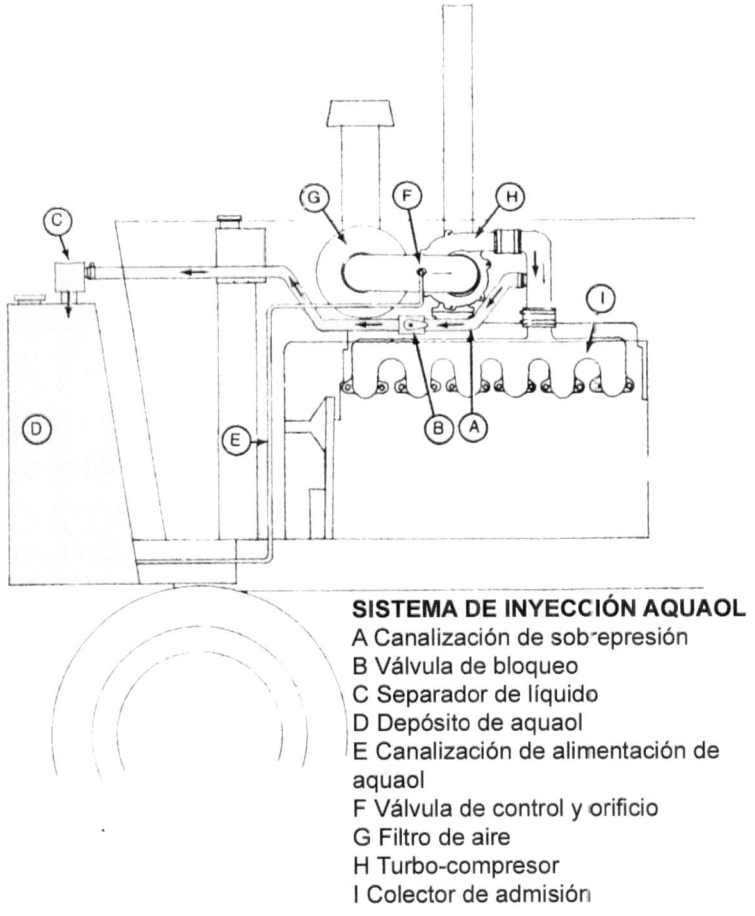

SISTEMA DE INYECCIÓN AQUAOL
A Canalización de sobrepresión
B Válvula de bloqueo
C Separador de líquido
D Depósito de aquaol
E Canalización de alimentación de aquaol
F Válvula de control y orificio
G Filtro de aire
H Turbo-compresor
I Colector de admisión

Fig 19 : Sistema de inyección agua/alcohol para motores diesel. (Fig 12-6 página 196)

Fig. 20 : Un poco de agua, pero no demasiada

1990 Meyer

Imposible dejar sin mencionar la patente US 4,936,961 de Stanley Meyer. Su electrólisis de resonancia es toda una leyenda.

La electrólisis del agua es un proceso archiconocido para producir hidrógeno y oxígeno. Desafortunadamente su eficiencia es menor que 1. Eso quiere decir que si ustedes disponen de un kilowatio de electricidad, recuperarán menos de un kilowatio de energía potencial como resultado de una disociación por electrólisis. Si de verdad disponen de electricidad, más les vale tratar de accionar un motor eléctrico en vez de convertir agua en hidrógeno para quemarlo enseguida en un motor.

El fenómeno de resonancia permite amplificar la respuesta de un sistema de excitación periódica ajustando la frecuencia de excitación a la frecuencia de resonancia. Es lo que hacemos instintivamente al empujar a un niño en un columpio. Si se lo empuja con la frecuencia apropiada, el columpio va a elevarse cada vez más alto. La física clásica afirma, a grandes rasgos, que la resonancia va a permitir llevar la eficiencia a su máximo, pero sin superar jamás 1. Lo mismo se aplica a la electrólisis del agua. Utilizando la resonancia se aumentará la eficiencia, pero sin llegar a superar 1.

Stanley Meyer pretende lo contrario. En su patente explica que se puede utilizar el fenómeno de resonancia para romper las moléculas de agua con una muy baja potencia a fin de recolectar una energía potencial en forma de hidrógeno muy superior a la energía eléctrica de partida. Abstraigamos un poco de la física "clásica", si es que eso quiere decir algo, y observemos el diagrama de Meyer:

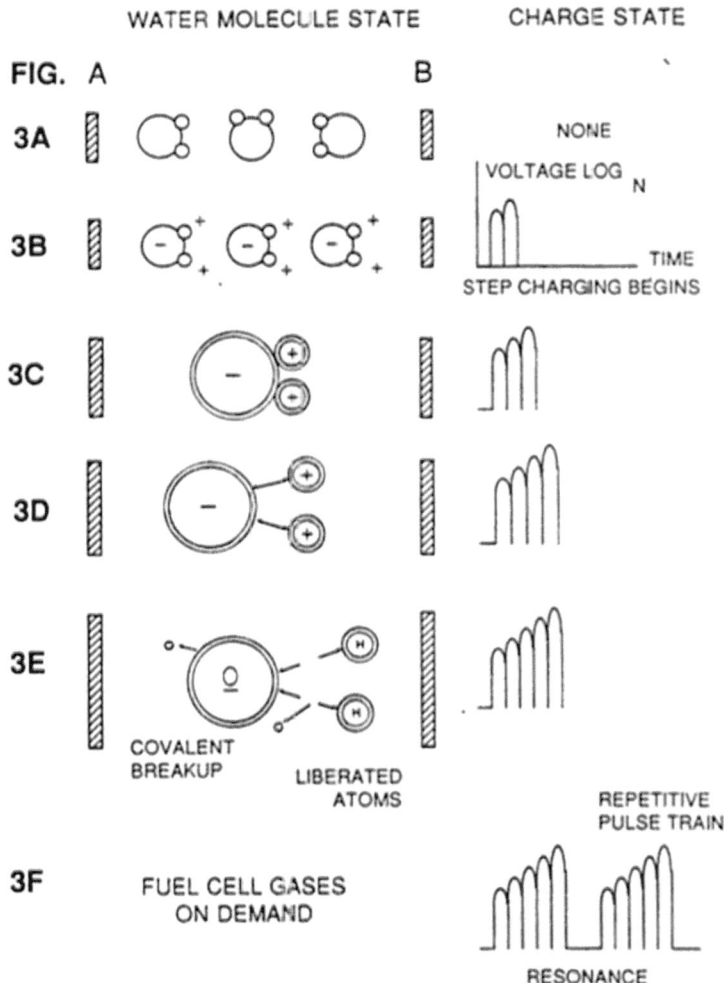

Fig. 21 : La disociación por resonancia.

Meyer distingue varias etapas. En 3A nada pasa, no habiendo tensión alguna entre los bornes A y B. En 3B los dos primeros pulsos van a orientar las moléculas de agua, que son pequeños imanes, gracias a la creación de un campo eléctrico entre los electrodos. En 3C, el pulso siguiente, que es el tercero, empieza a "estirar" la molécula. Se considera que ella responde por resonancia a esta excitación. En 3D, el cuarto pulso, como en un columpio, amplifica el estiramiento. La frecuencia es siempre la misma pero se observa que la amplitud aumenta en los dibujos de la derecha, en la columna "estado de carga". Finalmente en 3E el último pulso acaba por romper la molécula de agua separando claramente los dos átomos de hifrógeno del átomo de oxígeno, rompiendo el enlace "covalente" entre ellos. Este término un tanto bárbaro de la química designa el modo de ensamblaje de los átomos en una molécula sobre la base de compartir un electrón entre ellos.

Y así sucesivamente no queda más que volver a comenzar el mismo "tren de pulsos" para romper otras moléculas.

En el papel, ningún problema. Pero de ahí a pretender reproducir el pretendido fenómeno en el laboratorio hay una gran distancia. Lo que sabemos es que numerosos experimentadores se han roto la cabeza a propósito, prueba de lo cual son los planos gratuitos de circuitos electrónicos que se encuentran en la red. Parece bastante complicado moverse sólo con agua. La tentativa de Utopia Technology de fabricar un producto en serie no da hasta ahora ningún resultado, de acuerdo con nuestro conocimiento, y todas las hipótesis son plausibles. ¿ Serán los ajustes tan refinados que su realización impide el establecimiento de un producto para el gran público ? Puede ser, simplemente, que no funcione. Si funcionara realmente, acabaría por surgir. De nuestra parte, honestamente no tenemos una respuesta, y actualmente Utopia habla más bien de "asistencia a la combustión por hidrógeno".

Esta asistencia se la encuentra por ejemplo en Internet bajo una denominación bien conocida por los internautas, la famosa "Joe Cell", controvertida en extremo debido a algunas afirmaciones delirantes de su autor. Se trata aparentemente de una simple celda de electrólisis alimentada mediante un alternador para adicionar una mezcla de hidrógeno y oxígeno al motor. Todo se complica cuando se advierte que el gas producido implosiona en lugar de explotar, requiriendo correr el encendido en 80 grados, que el motor continúa funcionando sin gasolina y que la "calidad" de las personas presentes influye sobre el funcionamiento. Una vez más, difícil de comprobar.

Encontramos electrolizadores más "clásicos" en automóviles en venta en Internet buscando con las palabras claves "celda" y "HHO". Desde un punto de vista termodinámico la cosa es catastrófica puesto que la energía mecánica de partida sufre la atenuación de las diferentes eficiencias en la cadena: alternador (80%), electrólisis (70%), motor (30%)... ¡ pérdidas irrecuperables esfumadas en forma de calor ! De 100 watios suministrados al motor, se recuperan 100 x 80% x 70% x 30% = 16,8 watios, esto es, casi seis veces menos. Y sin embargo, se encuentran testimonios bastante elogiosos que describen ganancias substanciales a nivel del consumo. ¿ Qué pensar de todo esto ?

Examinemos una hipótesis. Si la presencia de hidrógeno en el momento de la combustión permite, como con un catalizador, aumentar suficientemente el rendimiento para compensar las pérdidas e incluso superarlas, entonces la ganancia global podrá ser favorable.

1991 Markou y Pattas

La patente US 4,991,395 de Markou et al. ("et al." es un acrónimo que significa "et alii", locución latina que significa "y otros") tiene el siguiente resumen :

Dispositivo que permite limpiar los gases de escape de un motor de combustión, destinado a alimentar o recubrir las cámaras de combustión de un motor de combustión interna, utilizando una aleación de tierras raras, en particular, cerio, incluyendo una alimentación de agua que contiene gases calientes, por ejemplo los gases de escape del motor. El conducto de gas caliente se comunica con el tubo de admisión de aire y tiene un elemento catalítico que contiene un material en aleación, incluyendo las tierras raras, a través del cual pasa el gas.

La patente tiene que ver con motores de gasolina y diesel. Describe específicamente la descomposición del agua en hidrógeno y oxígeno en presencia de cerio, que es el catalizador. La figura 3 muestra sin ambigüedad un "**ebullidor**" para la generación de aire húmedo.

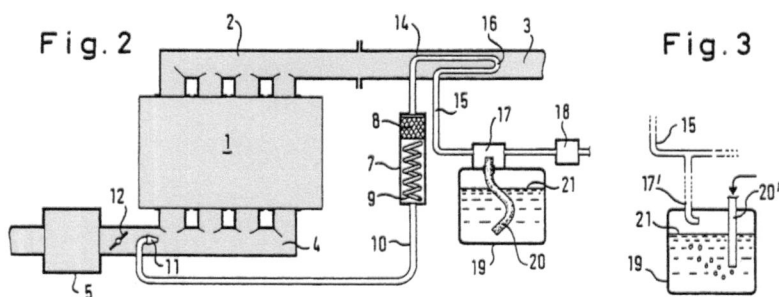

Fig. 22 : Utilización del agua para despolucionar.

1998 Pantone

No pudiendo reproducir en detalle los planos adquiridos a Paul Pantone en el 2003, que no son en realidad más que croquis sucintos, voy a ceñirme a resumir las informaciones generales que él me transmitió de viva voz en inglés para describir su sistema. La abreviatura GFP (GEET Fuel Processor) sirve para designar su invento, el famoso sistema Pantone, como se le conoce en Francia. La abreviación GEET quiere decir "Global Environmental Energy Technology".

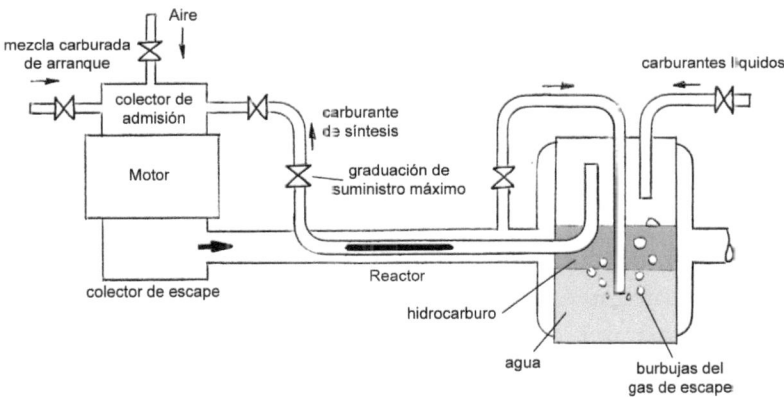

Fig. 23 : Esquema inicial, sin aire primario.

Ante todo, el GFP es un sistema de carburación completo para motores de gasolina de encendido controlado, en sustitución del carburador o del sistema de inyección. Constituye por lo tanto una modificación bastante sustancial, y no meramente un sistema aditivo.

Paul Pantone me explica que el GFP es a la vez una refinería de carburante, un generador de plasma y un sistema de alimentación de carburante. El GFP es capaz de aumentar de manera notable la eficiencia de un motor de combustión interna, además de disminuir la polución emitida. El GFP es también capaz de utilizar diferentes carburantes que el motor no toleraría por si mismo en funcionamiento normal.

El GFP funciona por el principio de corrientes opuestas de aire frío y de aire caliente, a baja presión. Haciendo pasar el vapor de carburante a través del escape, en sentido opuesto a éste, se recrea el fenómeno. La varilla de reacción en el GFP actúa como una tierra artificial. Esta varilla, lo mismo que el tubo, no debe ser de acero inoxidable, puesto que éste no tiene propiedades ferromagnéticas. Como las masas gaseosas están bastante próximas una de la otra, la fricciones forman cargas eléctricas y el gas que circunda estas cargas se ioniza. El plasma, luminiscente, produce una transmutación de todos los carburantes en esa cámara de reacción, produciendo un "nuevo" carburante más apropiado y más simple, al que Pantone denominó "carburante GEET". Con el GFP los carburantes fósiles ya no son tan polucionantes y nocivos como antes, y la denominación de "carburante utilizable" adquiere un nuevo sentido, más completo y exhaustivo.

Un primer comentario es que, hasta este punto, se describe simplemente la formación del gas de síntesis, en estado ionizado.

Pantone continúa su exposición explicándome que el reactor GFP utiliza un carburante gaseoso en lugar de un carburante líquido. Se hace necesario entonces un medio para convertir el líquido en vapor mediante un cambio de fase. Cuanto más seco esté el vapor, mejor. Un ebullidor o incluso un carburador modificado pueden expedir un aerosol suficiente hacia la cámara de reacción, aerosol compuesto de pequeñas gotículas mezcladas con aire. Cuanto más pesado es el carburante, más difícil es evaporarlo. El ebullidor es el medio que dio los mejores resultados en la utilización de carburantes más pesados y diversos, y parece así mismo el más eficaz para la evaporación propiamente dicha. Para su funcionamiento permanente, el ebullidor deberá disponer de un sistema de flotador que permita regular el nivel del carburante.

Es el tubo en la mitad del escape el que opera una transferencia química o una reacción debida al plasma para descomponer el carburante en una forma más simple y apropiada antes de alimentar el motor. Se reproduce así el fenómeno natural de colisión entre una masa de aire frío y una masa de aire cálido. Esta colisión a baja presión ayuda a crear la reacción deseada en el GFP.

Lo cual es totalmente lógico, la conductividad de un gas es proporcional al inverso de la raíz cuadrada de la presión.

Finalmente, Paul Pantone aclara que el nuevo carburante procedente de la cámara de reacción debe ser correctamente mezclado con aire fresco adicional de carburación cuando es introducido al motor. Este papel lo juega la compuerta de regulación. Ello puede ser tan simple como la utilización de dos compuertas de forma esférica o tan complicado como los planos por él suminstrados, o incluso tan complicado como se quiera (agregando un poco de electrónica y de compuertas motorizadas). Los tres flujos a controlar simultáneamente son el gas GEET, el aire de carburación y el aire entrante del ebullidor.
Dicho control debe ser posible para cualquier par y para cualquier régimen del motor.

Este último parágrafo tiene **una analogía formal con el Catalex,** con la adición, luego de la reacción, de aire fresco además del aire primario. Pero no hay aire primario en la patente inicial de Pantone. Es en los planos vendidos y en la versión pública para motor de cortadora que ese aire primario es introducido. En algunas versiones de los esquemas ni siquiera los gases de escape son reutilizados.

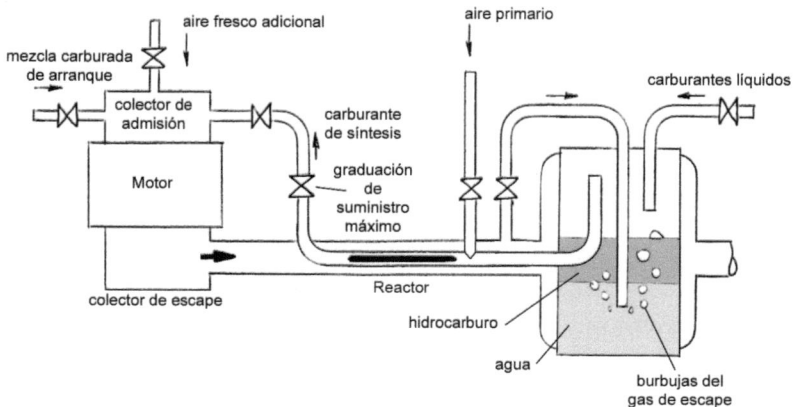

Fig 24 : La versión para cortadora, con aire primario.

Numerosos experimentadores han podido estabilizar un motor de cortadora con esta configuración. El consumo de agua es aproximadamente cuatro veces superior al consumo de hidrocarburo.

A la luz de lo que hemos visto antes, la originalidad de la patente de Paul Pantone se las trae. Dicho esto, si él no hubiera publicado los planos de un montaje simple para pequeños motores de cortadoras de gasóleo (difundido en Francia por Jean-Louis Naudin), nosotros no estaríamos dónde estamos hoy día. Es necesario rendirle homenaje pues él supo crear una corriente de simpatía y de curiosidad con numerosas realizaciones concretas como resultado. Su enfoque es tan notable que el plasma en cuestión es supuestamente "autogenerado" por el flujo en el interior del reactor. No obstante, él no da, de acuerdo con lo que conocemos, ninguna explicación a esta afirmación aparte de las fricciones. ¿ Se trata de una simple ionización, como en la patente de Cochez, o bien de un plasma mucho más consecuente ? Vamos a recordar en el capítulo siguiente el análisis al respecto realizado por Jean-Pierre Petit, especialista en plasmas y en cinética de los gases.

David Pantone, hijo de Paul Pantone, nos ha contactado recientemente para informarnos que su padre está actualmente detenido en una insti-

tución mitad hospital mitad cárcel, y que no parece fácil su salida de allí. Denuncia todo esto en Youtube y apela a ayuda para salvarlo.
Mayo 28, 2009 : Paul Pantone está libre, acabamos de saber la noticia y estamos sinceramente felices por él y por su familia.

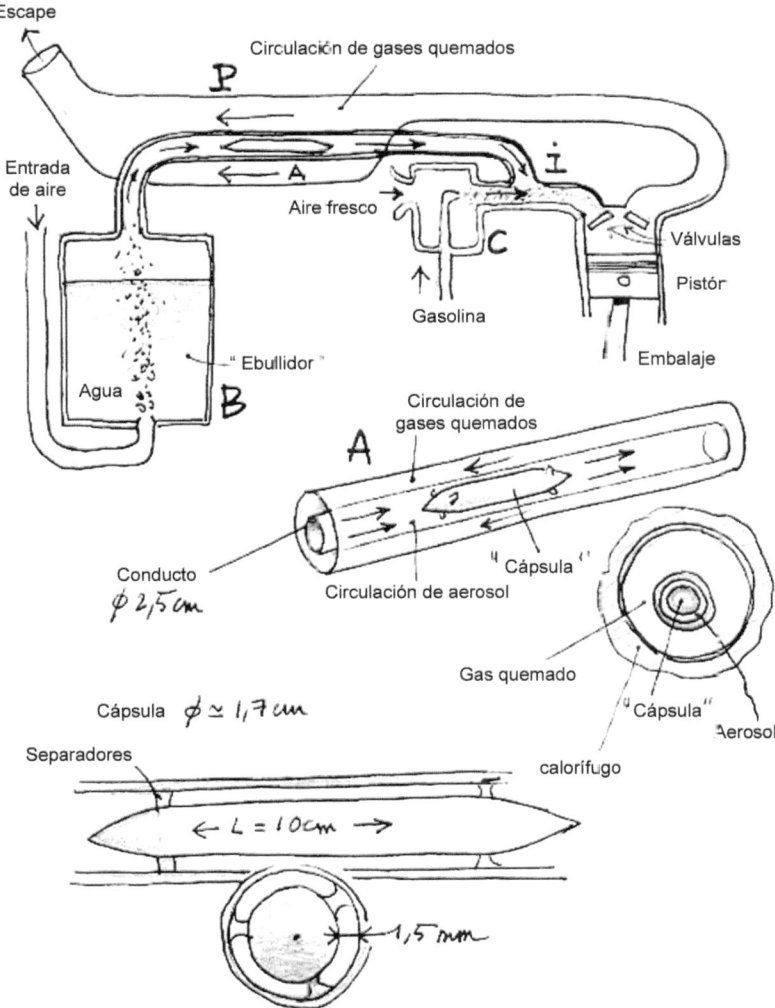

Fig. 25 : Interpretación de la patente Pantone propuesta por Jean-Pierre Petit.

La catálisis electrodinámica 15

En Londres, al margen de un coloquio de matemática en Imperial College, Jean-Pierre Petit me expone de nuevo su idea sobre la catálisis electrodinámica luego de una comida surrealista con catorce científicos, todo en inglés, off corss.

El aire que asciende experimenta una expansión adiabática (es decir sin intercambio de calor), y si la temperatura está por debajo del punto de rocío se producirá condensación en forma de microgotículas. A medida que estas gotículas redescienden se evaporan en forma de vapor de agua (que dicho sea de paso, es un gas incoloro e inodoro). Es lo que ocurre en una nube lenticular, aparentemente inmóvil, en la que poderosas corrientes de aire ondulan cambiando de altitud, siguiendo el relieve. El vapor se condensa por encima de una cierta altitud y se re-evapora al volver a descender, siguiendo la ondulación.

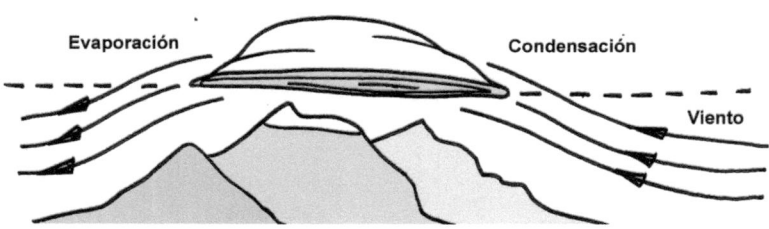

Fig. 26 : Nube lenticular

En una nube normal, se forman grandes gotas que comienzan a caer por efecto de la gravedad, y al atravesar el aire caliente se produce en ellas una electrización que da lugar a una fuerte acumulación de cargas eléctricas.

Hace algunos años, cuando comenzamos nuestros ensayos, llevé a Jean-Pierre Petit a Mérindol para mostrarle lo que hacíamos. No fue difícil convencerlo pues además de la corta distancia desde su casa, la perspectiva de enfrentarse a un nuevo problema lo entusiasmaba.

Después de haber visto y analizado con sus propios ojos los datos disponibles, comenzó a reflexionar sobre la cuestión. Aquí está lo que escribió en aquella época, noviembre de 2004 :

Estas circulaciones contrarias conllevan una separación de cargas eléctricas que es generadora de fuertes campos eléctricos. En una nube la distensión se produce, hasta dónde se sabe, cuando el campo está entre 100.000 voltios y un megavoltio por metro. La nube de tormenta se transforma entonces en un condensador dinámico. La separación de las cargas se mantiene por el movimiento ascendente. La única manera de "descargar este condensador" es ponerle masa, es decir ponerlo "a tierra". Para esto hace falta una línea conductora en forma de arco eléctrico : el rayo. Hay distensión, ruptura y creación de un delgado canal fuertemente ionizado, calentado por efecto Joule. Este calentamiento es tan intenso que la dilatación brusca del mencionado canal da origen a una onda de choque que llamamos trueno. Hay el rayo visible, exterior a la nube, pero el conjunto de nube y condensador es recorrido por miniarcos que se empeñan en restablecer la neutralidad eléctrica, de manera parcial puesto que una misma nube puede funcionar en varias etapas. Agreguemos, ateniéndonos de cerca a lo que hemos leído, que el modo de funcionamiento de una nube de tormenta, cuya parte superior se puede extender hasta 8000 metros, alcanzando la estratosfera, es a la vez muy complejo e insuficientemente conocido. Poco importa : el movimiento ascendente de aire húmedo recarga el condensador, etc. Es un condensador multi-golpe, que deja de funcionar cuando el movimiento ascendente de aire se atenúa.

Me pregunto si el "reactor Pantone" no funciona siguiendo este esquema, por electrificación de esa bruma de aire y de gotículas de agua enviadas después del carburador. Si este fuera el caso, el campo eléctrico creado tendría un efecto bastante eficaz en la combustión, haciendo las veces de catalizador. Ello explicaría la muy sensible disminución de la polución. Es normal : se quema más carburante.

En mi opinión (pero puedo equivocarme) la notable eficacia del "motor Pantone" se debería al hecho de que opera una catálisis electrodinámica extremadamente astuta. Podríamos llamarlo de manera más apropiada :

Sistema de catálisis electrodinámica.

Volvamos al problema de la catálisis, la cual puede ser de una eficiencia sorprendente. Yo me calenté durante varios años en Aix mediante simples botellas de gas, el cual se quemaba sobre un catalizador en forma de placa. La eficiencia de la combustión, que producía gas carbónico CO_2 y vapor de agua H_2O, tenía que ser casi total pues uno podía sin dificultad dormir prácticamente sin aireación y sin ser incomodado por los olores. Salvo error, la combustión catalítica permite también a las reacciones químicas ser operadas a temperaturas más bajas.

Jean-Pierre me recuerda así mismo el experimento realizado por Thomasi en 1875 en la Academia de Ciencias, que logró imantar una barra de hierro haciendo circular vapor de agua a 6 bars por un capilar de cobre enrollado como una bobina de cable eléctrico alrededor de la barra. Se puede también citar la máquina de Armstrong, que demostró que el vapor puede ser fuente de una fuerte electrización. Esta capacidad del vapor de agua de generar cargas estáticas por fricción, con o sin gotículas (húmedo o seco), aclara varias cosas. Para empezar, la imantación observada en el reactor encuentra una explicación si la trayectoria de estas cargas engendra un campo magnético. La vuelta a neutro de estas cargas implica una descarga, o estallido, que se materializa en una chispa. La elevada densidad de energía presente en este "mini" plasma puede favorecer toda clase de reacciones físico-químicas, como la descomposición de moléculas en elementos más simples, incluso en iones. De hecho, una ionización más consecuente puede iniciarse si la presión desciende lo suficiente, y si la temperatura es importante. Es el caso de reactor. Finalmente, en la hipótesis de que las cargas tengan una vida media suficiente sin retorno a neutro, éstas pueden llegar hasta la cámara de combustión y aumentar allí la temperatura electrónica.

Marcel Carrère, catedrático en la Universidad de Provence, en la Facultad de Ciencias de Saint Jérôme de Marsella (Física de las Interacciones Iónicas y Moleculares) nos ha indicado específicamente que una temperatura electrónica elevada facilita mucho las combustiones. Nos explicó también que durante una ionización se crean múltiples especies de iones con "vidas medias" variables y a menudo sorprendentes antes de la recombinación. De la misma manera, nos compartió una idea bastante simple para elevar la temperatura electrónica. Lo que él sugiere es aportar energía eléctrica suplementaria durante la combustión de los hidrocarburos con el fin de facilitarla. Este aporte de energía se hace con un campo de radiofrecuencia de entre 1 y 100 MHz. Las bobinas, aisladas dentro de cerámica, tienen un enrollamiento de varias espiras (que se regula hasta encontrar la mejor impedancia). Una alimentación de corriente continua del circuito de unas cuantas decenas de voltios, sin tener en cuenta los tiempos de admisión, de compresión y de escape, puede bastar para los ensayos preliminares, produciéndose el efecto sólo durante la combustión.

Los enrollamientos pueden ser integrados a la bujía, o sea colocados entre la parte alta del cilindro y la culata en los motores diesel. Cuando tengamos el tiempo, tengan por seguro que lo ensayaremos.

En Internet se encuentra un estudio teórico sobre la trayectoria de las cargas en el reactor. La idea es sencilla: las fuerzas de Lorentz actúan sobre una carga que se desplaza en un campo magnético, el cual puede imponer a dicha carga una trayectoria en hélice, produciendo una autoinducción de refuerzo del campo magnético. La moraleja, bajo esta óptica, es que se hace necesario cuidar la concepción del reactor, a fin de preservar las cualidades ferromagnéticas de las partes internas, pero también dándole una simetría cilíndrica para no condenar la hipótesis, a pesar de que, como veremos más adelante, ésta es cuestionable.

Se puede catalogar este tipo de diseño como "diseño abierto". Se trata de un ejercicio bastante particular dado que se intenta concebir un objeto que no impida un supuesto proceso que sin embargo no se ha verificado.

Este proceder se opone a los hábitos de los industriales, cuyo método consiste en experimentar y luego en industrializar.

La enorme ventaja es el tiempo ganado con respecto al enfoque tradicional. El desafío, en nuestro caso, es la concepción de un reactor que permita a todas las hipótesis conocidas verificarse sin prejuzgar cuál de ellas es la predominante. En la tercera parte elaboraremos una historia acerca de los reactores.

Fig. 27 : De la dificultad de innovar...

Explicación creíble...

Volvamos a lo nuestro. Las cargas... ¿ son todas ellas fruto de la fricción en el reactor, o se forman a partir del burbujeo ? ¿ Cuál es su trayectoria en el reactor ?

En el 2007 se publicó en Internet un ensayo de Julien Rochereau, verdaderamente interesante en el sentido de que viene a apoyar lo dicho hasta ahora.

El documento propone una explicación del dopaje con agua basado en la disociación iónica de la misma, agregando que el proceso comienza a partir de la fase de burbujeo. El autor se basa en la Electrodinámica Cuántica para explicar que las burbujas se forman en un agua de pH no neutro, produciendo iones hidronio H+ e hidroxilo OH- cuando su diámetro aumenta. Dichos iones tendrían la facultad de favorecer considerablemente la combustión, y esta propiedad sirve de base a por lo menos tres patentes que describen los artefactos destinados a ionizar el aire húmedo en fase de plasma con la ayuda de altas tensiones.

El hecho de que un pH no neutro favorezca el ahorro ha sido constatado por muchos de nuestros clientes. En particular, el agua de río o el agua lluvia son considerados como los mejores "carburantes". Ciertas aguas de perforación son muy ácidas y "horadan el hormigón" al tener un pH cercano a 4,5. No está de más insistir en que se han constatado ahorros sorprendentes de hasta 67% en estos casos, lo que resulta extrañísimo.

¡ Por fortuna los ebullidores son inoxidables ! Las aguas no son todas iguales, por supuesto, y eso merecería un estudio exhaustivo.

Como ya hemos resaltado, el vapor de agua solo no da resultados reproducibles, y en cambio el aire húmedo producido por burbujeo es el compromiso más efectivo, por razones de simplicidad pero quizá también porque, a la luz de este ensayo, el aire ambiente puede potencialmente ceder al agua gas carbónico durante el burbujeo y mantener continuamente, en consecuencia, una ligera acidez. Recuerden, finalmente, que los generadores de vapor de tipo "cafetera" tienen un inconveniente mayor : la formación de cal en las aberturas y canalizaciones de pequeño calibre, que es preciso limpiar con frecuencia y con esmero. Los ebullidores son mucho más tolerantes.

Fig. 28 : ¡ Oiga, el agua bendita no es para los motores !

Según Rochereau, se tienen entonces a la salida del ebullidor iones que van a atravesar el reactor bajo la suposición de que allí llegan "intactos". El reactor en sí mismo se presume produce cargas. El autor sugiere que una ebullición de ese tipo se produce también en el reactor. Este aspecto no está muy claro, puesto que pueden ocurrir otros fenómenos aparte de la simple ebullición complementaria en el reactor.
Intentemos ver con claridad. La preexistencia de cargas antes del reactor puede ser importante e influir en la circulación dentro de él. Partículas cargadas procedentes del ebullidor que lleguen a las vecindades del

campo magnético que el reactor se supone debe producir van a experimentar fuerzas de Lorentz y a iniciar trayectorias diferentes a las de un gas eléctricamente neutro. El dibujo al lado muestra la configuración de las líneas del campo para un solenoide de espiras no unidas.

Bajo la hipótesis de las cargas que circulan en hélice, publicada en Internet en otro documento, existiría un campo magnético similar al de estos solenoides en el que los electrones de la corriente eléctrica serían las cargas. La corriente eléctrica, que sin embargo y por convención está constituida de cargas positivas, circula de abajo hacia arriba en el dibujo, lo que se traduce en el sentido de rotación en las espiras.

Esta trayectoria, si de verdad es helicoidal, debe además generar una segregación muy marcada de especies iónicas en función de sus cargas, imponiendo velocidades muy altas. La velocidad, como se sabe, es un factor que favorece la electrización. Además, si coexisten cargas opuestas, se formarán hélices contrarrotativas, reforzando el campo.

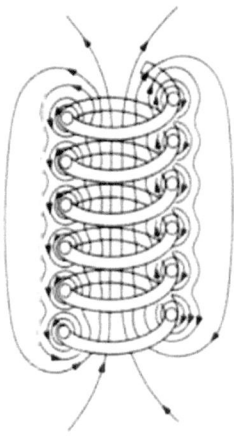

Fig. 29 : Líneas de campo producidas por un solenoide.

Mas hay un "pero". Una circulación helicoidal de las cargas tiende no a reforzar el campo magnético inicial sino a oponérsele. La explicación está en el siguiente dibujo.

Una carga positiva que llegue axialmente con una velocidad V1, cortando una de las líneas del campo, experimenta una fuerza tangencial F que da lugar a una espiral hacia el lector. Pero el campo que produce esta trayectoria es inducido por cargas que giran en sentido contrario, con velocidad V2. Por lo tanto el fenómeno no puede auto-mantenerse.

En conclusión, si las cargas preexisten antes de entrar al reactor, no auto-inducirían un campo magnético que las acelere en hélice.

La magnetización de los reactores, no obstante efectiva y bien comprobada, tiene entonces otra causa, y queda aún por determinar qué circulación de cargas la produce. Electrones desplazándose en paralelo tendrán, por ejemplo, tendencia a acercarse los unos a los otros por efecto de "pinch". Ese fenómeno explica por qué un rayo de tormenta se asemeja a una cordel muy fino. En el caso del reactor, dichos electrones (u otras cargas negativas) serán aplastados contra la varilla central… ¡ Las líneas de campo serán entonces circulares y tendrán el mismo eje que el del reactor ! Y la aguja de una brújula será así mismo perpendicular al reactor como testigo de la existencia de un campo magnético.

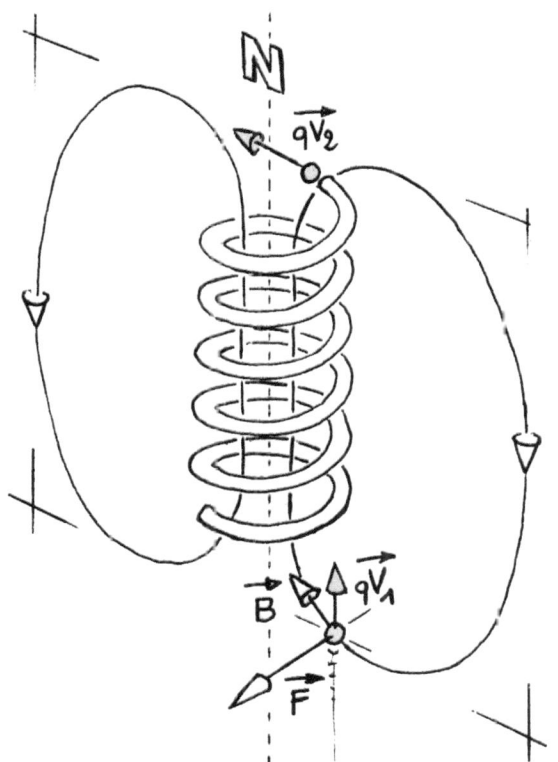

Fig. 30 : ¡ No hay auto-inducción !

Abril 1, 2008

No se trata de una broma. Ese día Radu Chiriac, profesor en la cátedra de Motores de Combustión Interna de la Universidad Politehnica de Bucarest en Rumania dio una conferencia muy interesante en el CNAM, en París.

CARBURANTES DEL "FUTURO" :
ENRIQUECIMIENTO CON HRG (Gas Rico en Hidrógeno)

Una vez más, se encuentran aquí las líneas principales de nuestras preocupaciones. Pero sobre todo vemos finalmente emerger un electrolizador en fase de plasma, catalizado con platino, el cual produce resultados tangibles y utilizables. El proceso, puesto a punto por la sociedad HTA INC, es primo del Plasmatrón del MIT, también presentado en la conferencia. La finalidad de estos trabajos de dar a la industria de transporte un aparataje portable que permita alimentar completamente o en parte un motor con un gas rico en hidrógeno. Los resultados son impresionantes puesto que la combustión de esta familia de gases es super apropiada, inclusive cuando son generados a partir de hidrocarburos. En este caso se trata, ni más ni menos, que de refinado.

Durante la conferencia fueron presentados numerosos y detallados resultados experimentales sobre la influencia de los HRG sobre la combustión de los motores de gasolina y diesel. Adivinen un poco... todo firmemente positivo, sí señor.

Como ejemplo de HRG tenemos precisamente nuestra mezcla preferida, una mezcla de hidrógeno y de monóxido de carbono. Una vez más el gas de agua, o cómo hacer cosas nuevas con lo viejo.

Fig. 31 : ¿ Está usted seguro de que eso no existe ya ?

Los carburantes sintéticos 18

La ventaja de un carburante líquido con respecto a un gas es ciertamente su almacenamiento, pero también la utilización, que es más simple. La síntesis de carburante líquido a partir de carbono es una apuesta estratégica puesto que se trata de una energía renovable en el caso en que el carbono es extraído de la biomasa. Cuando se habla de carburante de síntesis se habla de "agua", de una u otra forma.

Sabatier comprendió como tratar los hidrocarburos. Gracias a sus descubrimientos sobre hidrogenación catalítica, muestra por ejemplo que el aceite pesado (el gasóleo), en presencia de agua y de un catalizador, da como resultado materias más simples y más fáciles de quemar. Sabe, por lo tanto, cómo transformar un hidrocarburo pesado en uno liviano. Tal como vimos, una de sus numerosas patentes, que data de 1915, tiene que ver con la producción de una gasolina liviana basada en este principio.

El ingeniero ruso Ivan Makhonine puso a funcionar durante la segunda guerra mundial un medio de transformar el petróleo bruto en un carburante sintético. Poco después reveló que fue utilizando agua como llegó a ello.
El sitio internet www.fischer-tropsch.org reúne abundante literatura sobre otro proceso, denominado "Fischer-Tropsch", que durante la segunda guerra mundial le permitió a Alemania disponer también de un carburante de síntesis de excelente calidad. En la práctica se parte de una mezcla de monóxido de carbono e hidrógeno que produce, abracadabra, un hidrocarburo más pesado y ... ¡ agua ! Una vez más una hidrogenación catalítica. Lo más divertido es que para obtener una mezcla $CO + H_2$ se puede utilizar, por ejemplo... un gasógeno.

Ya lo habrán comprendido ustedes : la química de los hidrocarburos está íntimamente ligada a la utilización de agua, bien sea para simplificar una molécula, o al contrario para generar compuestos más complejos. Además, sobra decir que el "hidro" de "hidrocarburo" no da lugar a equívoco.

La reacción de rompimiento de estas moléculas orgánicas permite reducir el tamaño de la cadena carbonada. La molécula es rota (craqueada) en moléculas más pequeñas. El término "craqueado" se aplica a todo proceso catalítico o térmico que permite convertir una molécula en una o varias especies de masa molecular más pequeña. El vapocraqueado y el hidrocraqueado son reacciones similares en presencia de vapor de agua en el primer caso y de hidrógeno en el segundo. Estos aditivos evitan las reacciones de condensación, que son indeseables.

19 Tratamiento de los combustibles

Gunther Kolb, director del Departamento de Tecnologías de la Energía y de la Catálisis del Institut für Mikrotechnik Mainz GmbH, escribió en el capítulo 2.2 de su obra "Fuel processing" aparecida en mayo de 2008 :

El tratamiento de los combustibles es la conversión de los hidrocarburos, alcoholes y otros vectores alternativos de energía en mezclas de gases que contienen hidrógeno. La conversión se realiza la mayor parte del tiempo en fase gaseosa, normalmente por catálisis heterogénea en presencia de un catalizador sólido, y con menos frecuencia por catálisis homogénea a alta temperatura sin catalizador.

El primer paso del procedimiento de conversión se conoce generalmente como "refinado" y ha sido bien establecido a escala industrial desde hace varios decenios. Las aplicaciones industriales utilizan comúnmente (76%) gas natural como materia prima. El objetivo de este proceso es la producción de un gas de síntesis, mezcla de hidrógeno y de monóxido de carbono, que es entonces utilizado en numerosos procesos en la industria química de masa, pero que no son objeto de este libro.

Hasta ahí, nada nuevo, pero el pasaje es agradable. Esta obra incluye detalles de todo cuanto hemos visto hasta ahora y aún más. De los reformadores de plasma (Plasmatron reformers) trata en la página 264.

Los reformadores de plasma son utilizables para la conversión de todo tipo de carburantes, incluyendo las materias primas pesadas como la biomasa o el diesel. Su pequeño tamaño está limitado a una potencia eléctrica equivalente de alrededor de 1 kW.

Página 267 :

Otro reformador de arco eléctrico deslizante fue presentado por Czernichowski. Podía ser alimentado por gas natural, ciclohexano, heptano, tolueno, gasolina, JP8 o diesel. Siendo los compuestos sulfurados convertidos en sulfuro de hidrógeno y dentro del sistema, que toleraba hasta 4% en peso de sulfuro sin alteración de su operabilidad. Solamente 2%

de la energía suministrada por la pila de combustible era reutilizada para la generación del plasma. La figura muestra un reformador de arco deslizante con una potencia equivalente de 7 kW y un volumen de 0,6 L. El plasma era generado por una tensión de 10 kV con una corriente de sólo 25 mA, lo que lleva el consumo promedio a tan sólo 100 W. El carburante para jet JP8 era convertido en este reformador con una proporción de oxígeno a carbono de 1,4, y el reformador contenía entre 10 y 16% de hidrógeno en volumen en base seca, combinado con hasta un 20% de monóxido de carbono, 2,8% de metano y 2,8% de etileno. La eficiencia térmica del reformador era de 75% según el informe.

…

Agua + aire + carburante "+" plasma = gas de síntesis.

En el libro se describen decenas de aplicaciones concretas de los procesos, realizadas en todo el mundo, incluyendo a industriales de renombre. Esperamos entonces ver nacer aplicaciones para el gran público a partir de ese saber centenario. En lo que nos concierne, su lectura ha confirmado algunos puntos y refortalecido nuestra imaginación para nuevos desarrollos originales

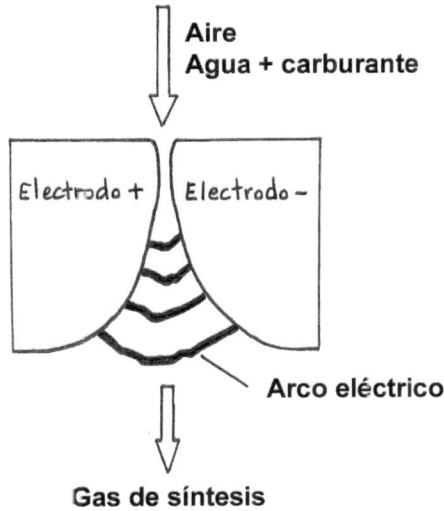

Fig. 32 : Reformador de arco deslizante (plasma).

Agosto 2008

En lo más recóndito de la Drôme provenzal, alrededor de un fortuito aperitivo ritual con agricultores del lugar, expongo nuestros trabajos y nuestros resultados con tractores. El más anciano me escucha entre escéptico y divertido. Luego de algunos intercambios generales acerca de los males de la modernidad, vuelve al tema, dejando a un lado los malestares de la mundialización.

- Ah, hace cerca de treinta [años] el joven que tenía el taller de la Motte logró hacer funcionar un motor con prácticamente sólo agua. Un verdadero milagro. Cuando vuelvas por acá un día, me dices y vamos a verlo. No se trata de mentiras, hay muchos que aparentemente lo lograron. Y hoy día, claro, con los precios del petróleo... De cualquier modo, le va a encantar conversar contigo. Toma, sírvete un aguardiente.
- Bueno, pero que sea más de uno pues yo también funciono a base de agua con este calor...

Es increíble la cantidad de gente que ha construido o visto motores a base de agua.

Segunda parte

HYPNOW

Aviso de tormenta

Domingo 10 de mayo de 2008.

Un correo electrónico lleno de insultos me hace dudar de todo. ¿ Para qué todo esto ? El remitente nos trata de estafadores, de impostores y de copia con un odio alucinante. Es verdad que adquirió uno de nuestros economizadores de carburante Retrokit por 360 euros, ciertamente no está contento, ¿ pero por qué tal manifestación de cólera ? Después de todo se trata de una suma modesta y le habíamos advertido que no le iba a funcionar tan bien en un caso como el suyo.

...

"Y no soy el único cliente insatisfecho, de 10 clientes no he encontrado uno solo que haya anunciado beneficios, y hay que preguntarse si de pronto no le ha ocurrido lo contrario, parecería que lo único a esperar de todo esto es ver cómo ustedes se hunden...

Cordialmente, queridos ingenieros de la estafa".

Le respondí que le devolveríamos el dinero, si eso era lo que quería, y eso me calmó un poco...

A medida que avanzamos en esta historia, todo asume proporciones enormes. ¿ Acaso es la fatiga la que vuelve todo esto insoportable ? ¿ O serán los hechos realmente desproporcionados ?

Las malas noticias son tan intensas como las buenas, todo parece disonar, y mientras tanto el barril alcanzó 126 dólares el día de hoy.
Aunque son pocos, almenos tenemos decenas de testimonios de clientes satisfechos. ¿ De dónde viene entonces aquél, y por qué tan excitado ? Efectivamente, hemos producido en algunos casos un ahorro de carburante de hasta el 60% ... Sí, por el bien del planeta...
Finales de abril. David y yo hemos pasado tres días haciendo pruebas

de laboratorio en un motor de tractor Deutz de 3 cilindros hiper-compatible, mejor imposible. Hemos invertido tres mil euros diciéndonos : eso es, ahora vamos a tener pruebas, nuestro sésamo del éxito... El documento tan esperado que pruebe nuestro know how. Hemos aprendido un montón. Pero en concreto, solamente 17% de ahorro de gasóleo durante 10 minutos al término del segundo día, eso es todo. Y ciertamente podría tratarse de un error de medición...
¡ Hasta ahora ninguna explicación ! Nos hemos roto la cabeza tratando de entender, y nada. Le repito a David :

- ¿ Qué diferencia hay entre este banco de ensayos y un tractor en el campo, ah ?

Acoso al pobre con mis hipótesis cuando no tiene más que una idea en la cabeza, desmontar todo y no pensar más en ello. La mecánica distrae la mente. Pero yo continúo dándole vueltas al asunto pues todo esto desafía mi lógica : tiene que haber una explicación y espero encontrarla pronto.
Estábamos en un hangar de bardas metálicas, que crea una jaula de Faraday, en cuyo interior el campo magnético terrestre es muy débil. Sabemos muy bien que todo esto tras lo cual andamos tiene que ver con el campo magnético...

- David : ¿ Crees tú que... ???

Pero no, tonterías. Hemos agitado imanes en torno al reactor y nada se produjo. Así que nos olvidamos de las bardas, es una bobada. En todo caso, todo esto no puede venir SINO del campo magnético.
Ensayamos con propano para ver si funciona.

- Imperturbable, David me dice : OK, voy a buscar la botella.

¿ Cómo hace para estar tranquilo ?

David abre la botella en la entrada de aire mientras yo observo el medidor del flujo y el régimen del motor. Setenta giros de más y consumo reducido a la mitad.

Yo : - ¡ Ok, está bien, puedes pararlo !
David : - ¿Y entonces ?
Yo : - Regula super bien, hombre. Todo va bien.

En nuestra jerga, cuando decimos "regula bien" quiere decir que el motor adapta en tiempo real y de manera muy precisa la cantidad de gasóleo inyectada en función de la potencia requerida. En este caso, los potenciales ahorros son bastante destacados. Le añadimos un gas y él "baja el consumo" solo. Justamente un gas es lo que producimos con nuestro Retrokit.

Asi pues, esta bestia de motor regula magníficamente ; por lo tanto, con NUESTRO gas, deberá hacerlo aún mejor.

Reflexionemos. ¿ Podríamos cuestionar el protocolo de prueba ? La única explicación es que el acople con el banco de hidráulica impida al regulador detectar el aumento de rendimiento : **la velocidad no varía prácticamente.** Con gas de ciudad, muy energético, la velocidad varía suficientemente como para disparar el regulador. La moraleja es que si no se detecta nada con un banco de ensayos en un motor "estándar", no va a ser fácil probar nada en ningún caso.

Ciertamente, hay motivos para desanimarse. Podríamos terminar en un plan B, abriendo una pizzería, si esto sigue así.

Fig. 33 : Conviene siempre tener un "plan B"…

Copiados

Siguiendo con la mala racha, dos días antes de recibir el correo-e de los insultos, nos enteramos que una sociedad con sede en Francia central había copiado nuestro Retrokit. A finales del 2007, dicha sociedad quería trabajar con nosotros por razones de subsistencia : fabricar nuestros productos, así como venderlos e instalarlos, era para ellos una manera de rehabilitarse. En ese momento éramos muy vulnerables y la perspectiva de confiar nuestros secretos de fabricación a una sociedad moribunda no nos entusiasmaba mucho. Les propusimos convertirse en revendedores para ver qué tal funcionaba el asunto entre nosotros. Nos ordenaron productos en gran cantidad (cincuenta) pero no mantuvieron su palabra : al final sólo se quedaron con diez. ¡ Cómo para descuartizarlos ! El resultado de la copia era una quimera, la fusión de dos de nuestros productos :

Fig. 34 : Es nuevo, acaba de salir.

Es cierto que tuvimos un problema de calidad con una pre-serie fabricada en Túnez a nivel de prueba, pero procedimos de inmediato al recambio.

No pudo, en todo caso, ser eso lo que los enervó hasta el punto de querer copiarnos, habida cuenta del enorme riesgo existente para ellos. Probablemente no eran conscientes de la validez de los derechos de autor como protección intelectual por derecho. De otra parte, todo esto quería decir que los clientes existían.

Nosotros sólo queríamos una cosa : que la técnica se difundiera. ¿ Qué tanto debíamos aceptar para llegar a nuestros fines ? ¿ Hasta dónde protegerse, y a partir de cuándo mostrar los dientes para proteger un poco el fruto de nuestro trabajo ?

Sería mucho más sencillo trabajar juntos que desperdiciar energía en un proceso legal. Con su buen sentido habitual, David me respondió :

- Mira cómo se comportan... ¿ Acaso quieres trabajar con ellos ?
- No, tienes razón. Al menos tenemos la prueba de su poca confiabilidad. Ya lo ves, y ni siquiera son chinos.

Pero la copia tiene en realidad algo bueno. Para empezar, implica que el mercado existe y que el producto es vendible, lo que tranquiliza. Y a la vez estimula. Todo esto, en últimas, nos obliga a estar siempre a la vanguardia, innovando continuamente para producir un kit menos caro, más compacto, de mejor desempeño y más fácil de instalar... Dicho en breve, ¡ sin esas copias aún estaríamos en un SPAD todo oxidado !

El comienzo

Todo comenzó en el 2002, cuando frecuentaba yo los foros en Internet sobre motores a base de agua. ¿ Por qué me interesé en esto ? Pues porque yo había aprendido en la universidad que la eficiencia de un motor es apenas de 30%, y lo encontraba muy poco. Entonces me puse, como aficionado, a buscar informaciones sobre motores exóticos. En los foros encontraba de todo, todas las locuras posibles.

Por la misma época, uno de mis colegas de trabajo, otro Christophe, fisgoneaba en Internet en búsqueda de artefactos sensacionales. Un día me señala un sitio en el cual un iluminado llamado "Spirit of Ma'at" dona los planos de un electrolizador tan eficaz que se podía manejar... ¡ sólo con agua ! ¡ Ajá, ahí está, como anillo al dedo !

Por primera vez había disponibles documentos detallados, a diferencia de los videos sobre Meyer y su electrólisis de resonancia, bastante complicados, o de Dingle y su coche, filmados con muy baja resolución.
En esos momentos yo trabajaba en mi despacho en un prototipo de bomba que hacía uso de la magnetohidrodinámica. Había impreso así mismo algunas páginas "oficiales" sobre la electrólisis. En ninguna parte se hablaba de resonancia o de cualquier otra cosa que sirviera para hacer mover un coche con cinco amperios y doce voltios. Apenas, si acaso, para hacer alumbrar una vieja lámpara con un filamento de 60 watios. Ni pensar en uno de sus faros. Así que el plano del tal Espíritu de No sé Quién me hizo reir. Pero después de todo... ¿ por qué no probar ? Duda o curiosidad, qué más daba... El otro Christophe, con ojos exaltados, ya vislumbraba múltiples consecuencias del nuevo maná providencial ; el cual, estadísticamente hablando, no debíamos ser los únicos en haber descubierto. De cierta forma yo me resistía al trance preguntándome si iba a encontrar fácilmente todos los componentes electrónicos para los ensayos.

Y fue así como me puse a trabajar en la idea de mi primer artefacto.

Todo se ponía en marcha suavemente, y al sumergirme un poco más en el Web me daba cuenta que la milagrosa electrólisis era la "cara oculta del iceberg", para retomar la exquisita expresión de uno de mis amigos.

La abundancia de estos milagros de todos los tipos me consolaba de los continuos fracasos con "mi" bomba, para la cual no teníamos imanes suficientemente potentes. ¿ Cómo bombear agua con una electrólisis sin la ayuda de dichos imanes ? Prácticamente imposible, como intentar pedalear con una hélice plana. Así que debía hallar la respuesta por mí mismo, a lo grande. Una respuesta simple para el problema tan interesante que me había puesto : ¿ cómo hacer para no dejar escapar la idea ? El solo hecho de comenzar a explicar su principio hacia que comprendiera al instante cómo funcionaba. Santo cielo, si dispusiera de una patente, una vez publicada la galaxia entera bombearía agua con mi idea. O todo lo contrario.

Mientras tanto, no comentarlo con nadie y fabricar el montaje para ver. Si alguna vez el circuito electrónico llegaba a funcionar, mi bomba sería apenas de mayores prestaciones. Ciertamente la vida es complicada: de pronto tienes una super idea y no la puedes patentar, si no todo el mundo va a enterarse. Verdaderamente una pena. Quedaba la sensación embriagadora de detentar un secreto de … Polichinela.

Optimizar

Toda nuestra estrategia de protección intelectual descansaba en dos puntos. El primero era el costo exorbitante de un proceso de falsificación ; el segundo era que la publicación de una patente es un bonito regalo para los potenciales falsificadores.

En suma, era mejor gastar lo menos posible y decir aún menos, todo en aras de proteger la libertad de explotación de nuestro trabajo. ¿ Habría un abogado resuelto el problema ?

Me formulé seriamente esta cuestión cuando encontré el principio de la bomba de electrólisis de manera contundente : en mi cocina, un experimento simple me hizo tocar con el dedo la potencia de una explosión. Un frasco de mermelada lleno de agua, dos electrodos, una aguja de jeringa para canalizar el gas saliente, y ¡ tarán ! le agregamos el zumo. Lindas burbujas dan testimonio de la hidrólisis en curso, y entonces acerco con temor a la aguja la llama de un briqué para hacer detonar el hidrogeno y el oxígeno. Y nada. ¿ No era pues un gas ? Sí sí, hay montones de pequeñas burbujas formándose. Pierdo el temor, insisto con la llama del briqué y... ¡ bum !

¡ La aguja había transmitido el calor del briqué a la mezcla explosiva formada encima del agua, provocando la deflagración ! Pedazos de vidrio por todos lados, y agua hasta en el techo. Ningún herido.

¿ Agua en el techo ? ¡¿ Quiere decir que puedo mover el agua con una electrólisis ?! Pues esa es mi genial idea. Tan simple que si hablo de ella, todos la entenderán, como les he dicho ya. Le llamo "bomba de combustión interna". Puede también propulsar barcos... Se usa baja tensión para la electrólisis, y alta tensión para el encendido. La explosión se realiza entre dos válvulas.

Fig. 35 : ¿ Bum o no bum ?

Es así que encontré el derecho de autor, intentando proteger la evidencia. Estaba a punto de descubrir con pavor el mundo de la protección de los derechos de los inventores… Por fortuna para nosotros, entré en contacto con Didier Feret, experto en propiedad intelectual, quien concibió un método de protección del derecho de autor riguroso y funcional, el "Acta Declaratoria de Calidad de Autor". Es gracias a él que hemos podido, jurídicamente, asegurarnos la libertad de explotación de nuestro trabajo sin recurrir obligatoriamente a la patente.

Este "descubrimiento" del derecho de autor iba a ser determinante en nuestra decisión de crear una empresa, puesto que cuando David tuvo la idea del SPAD, y cuando constatamos por nosotros mismos el desempeño del artefacto, su primer deseo fue darlo a conocer a todo el mundo en forma de planos detallados. Fue en ese momento que lo persuadí de protegerse almenos un poco. Después de todo, era su idea. Generosidad puede rimar con propiedad…

Hemos decidido incluir los planos al final del libro. Desde hace un buen tiempo están disponibles para telecarga en varios sitios de Internet.

Al comienzo estaban en línea en el sitio http://easy.spad.free.fr. Tanto mejor que tengan ustedes la última versión....

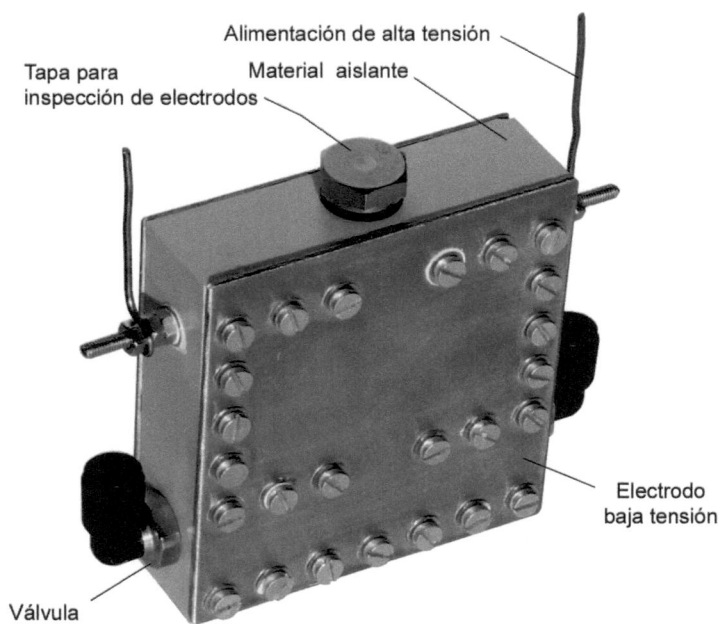

Fig. 36 : Bomba de electrólisis.

¿ Patente o no patente ?

¿ Qué decir de nuestra cita con Oséo ?

[Oséo es una especie de incubadora de pequeñas y medianas empresas que nació de la fusión de ANVAR (Agencia de Innovacion Francesa) y BDPME (Banco de Desarrollo de PyMEs) en el 2005. NdT].

Nuestro interlocutor me describió una patente como un rosal en un campo. Si el rosal está solo, cualquiera puede acercarse y cortar las flores. Hay que plantar setos de rosal alrededor para proteger el rosal central. Y claro, dejar el cuidado de la jardinería en manos de los bufetes de abogados. Jardineros de lujo, claro está, especialistas en la flor de la patente. Una vez más es la discriminación por dinero la que se nos viene encima.

Nuestro amigo Elio, especialista en transferencia de tecnología, me confirma que la patente no sirve de nada en cuanto tal. El colmo : ¡ la patente no impide la copia ! Una buena patente, a lo sumo, es una patente suficientemente imprecisa como para que uno no entienda nada o casi, y para evitar que otro re-solicite una patente similar. En este aspecto, la patente que solicitamos, redactada justamente por un bufete especializado, y con una única subvención obtenida hasta el día de hoy, es de ese tipo. Súper confusa. Ni siquiera yo mismo la entiendo. No fui yo quien la escribió. Y sin embargo se refiere al tema. Un enfoque muy oriental. Haría falta una unidad de psicología en estos bufetes de abogados, para tratar las esquizofrenias post-patente de sus clientes inventores.

Al comienzo me dejé convencer puesto que el director del bufete me aseguró que se podía patentar un pliego de condiciones. Es decir, patentar el resultado a obtener y no la solución que permite llegar a él. ¡ Vaya ! Cuando el ingeniero encargado de la redacción me contactó, comenzó a preguntarme detalles muy precisos. Entonces le dije: "¡ No, no voy a decirle cómo lo hicimos, esto es un pliego de condiciones !". Imposible, si no entonces no patentable.

Finalmente, cansado, y para no desacreditar al bufete en relación con la institución que había financiado una parte de la redacción, acepto que la patente sea cursada, con la eventual posibilidad de retirar la solicitud.

Sé que parece surrealista, pero hay que entender que nuestros secretos de fabricación constituyen el magro avance que tenemos. Conservarlos era vital para llegar a nuestros fines, es decir tener los medios necesarios para realizar todos nuestros otros proyectos.

En cualquier caso, en el Instituto Nacional de la Propiedad Intelectual, las búsquedas de anterioridad se revelaron decepcionantes : faltaban invenciones de calibre en relación con nuestra investigación. Tal vez les enviemos este libro…

APTE y Marruecos

Después de habernos conocido en el 2003 en un foro dedicado al motor Pantone, David me anuncia, luego un intercambio de varios mensajes, que él ya ha realizado un montaje en su camión. Muerto de la curiosidad, le pregunto dónde vive, con la esperanza de poder hacerle una visita. Descubro, con felicidad, que habita a tan sólo 20 km. de mi casa. Excelente noticia. Desembarco en el parking de Jouques y henos ahi a los dos parloteando acerca del camión. La corriente pasó toda de un tiro, y el amperaje se subió alrededor de un café. No hay opción, hay que simplificarlo todo pues así no está al alcance de todo el mundo.

Es en esta ocasión que David me habla de APTE, a la que acaba de conocer. De ahí en adelante, todo irá bastante rápido. Nos "instalamos" en el 2004 en la granja de Jean Louis Millet, presidente de la Asociación para la Promoción de las Técnicas Ecológicas. Una guarida de activistas sinceros y devotos cuyo compromiso y cordialidad son ejemplo para todos nosotros.

Participamos en los talleres de formación para explicar lo que sabíamos. David mostraba cómo fabricar un reactor en acero y yo bosquejaba esquemas en los "tableros" para tratar de explicar a un público moderado lo que había comprendido acerca del proceso. Vimos asistir a los talleres a gente que se preocupaba de manera sincera por el futuro. ¿ Qué hacer ? ¿ Qué debía yo hacer ? ¿ Cuál era la solución ?

¿ Puedo comprarles un reactor ?

Esta cuestión es una de las primeras piezas del rompecabezas. David y yo nos miramos con el mismo pensamiento en mente : ¿ Acaso no hay nada para comprar ? ¿ Puede cambiar esta situación ?

En julio de 2004 David partió en un viaje hacia Marruecos. Regresó con improbables pero auténticas anécdotas. ¿ Cómo transportar 19 personas en una pick-up 504 ? Nadie aquí se preguntaría algo así, pero allá era posible... Estando allá adquirió el status de gran especialista, habiendo hecho arrancar un diesel con la llave rota y atascada en el

Nieman : un contacto en la batería para realizar un precalentamiento, luego uno para abrir la electroválvula, y uno más para accionar el arranque. Con unos trozos de hierro en hormigón. Nada complicado, pero la magia es un saber que no todos poseen.

Emocionado por la generosidad de los marroquíes, que prácticamente no poseen nada pero que ofrecen lo poco que tienen sin pensarlo, comienza a reflexionar sobre su modo de vida y sobre su vida cotidiana.

Pasa unas semanas en una granja cerca de Rabat, en casa de Said y Malika. Acogido como un miembro de la familia, observa su modo de vida simple pero completo, sin lo superfluo de nuestras sociedades, participando siempre de las labores cotidianas, y se pregunta : ¿ qué podría llegar a perturbar esta calidad de vida, modesta pero basada en lo esencial ? Uno de los mayores gastos de la granja, como de todos los otros en los alrededores, es el carburante para los tractores, motobombas y vehículos que les sirven para la producción y venta de las legumbres de la granja. La menor variación en el precio del litro incide en las otras necesidades vitales : comer, desplazarse y cuidarse ; e influye en el precio de la alimentación. Imaginen vivir con su familia con un salario de 200 euros, y que el litro de gasóleo cueste 1 euro, ¿ duro, no ?... Es necesario comprender que este equilibrio precario está en gran parte ligado al precio del carburante. Y Marruecos no es el único país con esta situación, son raros los casos en donde ocurre lo contrario.

¿ Tienen los nativos consciencia de esta dependencia ? Tal vez, pero su cotidianidad los absorbe y no hay nada más tras su bello y límpido rostro que la sencillez auténtica de una supervivencia milenaria. ¿ Qué pasaría si se disparara el precio del carburante, si se volviera inaccesible ? ¿ Tendrían aún su saber ancestral al alcance de la mano ?

En esa feliz indigencia, el pensamiento se libera. Es preciso disminuir su dependencia del petróleo. David ensambla mentalmente la primera versión del SPAD, adaptada al contexto local. Simplicidad ante todo. Una vez de nuevo en Francia, me esboza su idea y me deja pasmado con la evidencia de la concepción

Los primeros prototipos del SPAD que David soldó como pudo con chapa de recuperación arrojaron enseguida 30% de ahorro. Jean-Louis tenía una confianza sin límites en David y le dejó tocar sus tractores a ojo cerrado. Yo estaba menos presente en el lugar, pero cada una de mis visitas me producía sudores fríos. Por fortuna, David conocía bien la mecánica. Yo no habría intentado ni una décima parte de lo que él realizó. Yo buscaba frenéticamente informaciones, explicaciones y teorías. Trataba de volver coherentes las ideas sobre el asunto. Acumulé durante este periodo centenares de documentos además de los que ya habíamos reunido en común.

Instintivamente nos pusimos a valorar el costo de un dispositivo semejante, y el precio más aceptable. Nos debatíamos entre el valor estimado del producto existente, poco elevado en razón de su aspecto entre cacharreado y oxidado, y su valor económico representado por los ahorros potenciales

Fig. 37 : El tractor de Jean-Louis Millet con su SPAD.

Habiendo visto de cerca la aventura de mi padre, inventor, tenía yo sólidas nociones de rentabilidad y margen de ganancia en la cabeza. Sabía muy bien lo que era realista y posible. David, por su parte, poseía y posee aún el don de ver lo esencial. En unas pocas semanas dibujó, inscribió y cifró los componentes del SPAD. Teníamos un estimado del costo de producción y podíamos extrapolarlo a versiones posteriores. Estábamos divididos entre nuestra experiencia industrial que nos dictaba, por ejemplo, el empleo al máximo de acero inoxidable, y la incertidumbre relacionada con la importancia de los materiales. Nuestras posibilidades de experimentar eran prácticamente nulas y en esencia estaban ligadas a la buena voluntad de valientes visionarios. Hacía falta ahora proceder paso a paso y no tratar de modificar demasiado lo que ya funcionaba bien. La cuadratura del círculo. Le dabamos vueltas al problema en todas las direcciones.

- David, si un día llegamos a comercializar algo, no hace falta que sea una copia de la patente Pantone u otra, si no se nos acusará de falsificación, y no se nos dejará trabajar más. Hay que encontrar artefactos originales.
- Entonces hay que acentuar las diferencias existentes buscando en las otras direcciones, y que sean las más simples posibles.
- Además hay que reservarnos la posibilidad de complejizar para crear valor agregado con la novedad.
- Así es. ¿ Quieres un poco de café de cereales ?
- Buena idea, un buen café para aclarar las ideas. ¿ Crees tú que se puede simplificar y complejizar al mismo tiempo ?
- Aquí está tu café. Y si soldáramos un picado allí, así de simple...
- Sí, me parece bien ahí. Además en la mitad queda bien.

Estas sesiones de trabajo sin cabeza ni cola eran totalmente desinibidas. Habíamos aprendido a trabajar juntos sin esfuerzo. Eramos capaces de escucharnos mutuamente mezclando humor, tranquilidad, creatividad y mecánica aplicada. El desafío era encontrar "LA" solución. Sin competencia. Bien. Una buena sociedad.

De esa época queda un apego indefectible al Salón de Ecoenergías de Mérindol, al que acudíamos cada año con plácemes, como pájaros al agua.

Fig. 38 : Tardy y Dieulle con un SPAD RM60.

12 de junio de 2008

Estoy en plena redacción de nuestra Acta Declaratoria sobre Calidad de Autor para el "Retrokit Nano" cuando David me dice :

- A que no adivinas... ¿ quieres una buena noticia ?
- ¿ Qué cosa ?
- El 4x4 con el segundo prototipo del Nano...
- Vamos, suéltala.
- ¡ Pasó de 12 litros por cien a 9 litros !
- Bien, ¿ entonces es la aleación la que hace la diferencia ?
- Sí , ahora todo está dado para que funcione.
- ¡ Bravo !

Llevamos a cabo nuestros ensayos confiando una veintena de prototipos a nuestra red próxima, formada por militantes anti-polución muy comprometidos, y sobre todo prestos a ayudarnos en nuestras pesquisas. Acabamos de tener confirmación acerca del papel de ciertos metales en la reacción.

Luego de meses de ensayos, tenemos ahora la certeza de que la aleación seleccionada constituye hasta el día de hoy el mejor compromiso a la luz de nuestras investigaciones. Es cierto que podríamos mejorarlo aún más, pero la solaz de haber encontrado una solución vale oro.

El 16 de julio David me anuncia que el test del Nano "primero de la serie" instalado en su Golf es positivo. Lo que quiere decir que la solución ideada para fabricar el tubo es buena, y con ella se resuelven los problemas técnicos.

¿ Dónde está la botella de Champagne ?

El 21 de junio, dos chinos, el uno disfrazado de canadiense y el otro disfrazado de neocaledonés, nos cuestionan demasiado para nuestro gusto. La partida está lejos de estar ganada. Habrá que producir mucho, y a buen precio...

Por ahora la Champagne se queda en la nevera.

La UTAC y el CNRV van en un barco, y caen al agua.

Nuestro nuevo Retrokit Nano es pequeño y fácil de instalar. Una parte de nuestras pruebas las hicimos en motores de vehículos. Así que existe la posibilidad de encontrar uno que otro en automóviles uno de estos días.

¿ Cuáles las consecuencias para nosotros ? Hay que hacer una encuesta.

Recibí el 13 de julio un correo-e de la UTAC. En la orden del 26 de febrero de 1976 adjunta acerca de los ahorros de los carburantes, se descubre, como se anunciaba en el primer contacto, que la homologación de un dispositivo semejante no es absolutamente obligatoria. Lo cual es alentador, dado que el contexto parece propicio. Pero cuidado, si la potencia aumenta en más de unos porcientos, el vehículo deberá ser objeto de una "recepción a título aislado" en el Centro Nacional de Recepción de Vehículos, el CNRV. Dicho de otra forma, volvemos a pasar por los Mines [especie de certificación para la matriculación de un vehículo. NdT], como para la importación de un vehículo extranjero.

Veamos, quien dice economía dice aumento del rendimiento aparente. O sea que se hace lo mismo con menos carburante. Pero con la misma cantidad de carburante anterior a la modificación... ¡ hay mayor potencia disponible ! ¿ Lógico, no ? Esto es tanto más cierto puesto que en el caso de vehículos, el regulador es de tipo "mini maxi", es decir que es el conductor quien suministra la cantidad inyectada con el pedal, entre un mínimo y un máximo.

Se trata entonces de una modificación notable, por lo que se justifica la recepción a título aislado. La potencia disponible es potencialmente diferente a la anunciada por el fabricante.

Dicho de paso, aparte de ponerle un autoadhesivo, todo aquello que hagan ustedes con su auto constituye una modificación notable. Apenas si exagero...

En resumen : homologación no obligatoria, pero modificación "demasiado notable". Como eso no tiene sentido, la siguiente etapa es una llamada al CNRV.

Luego de encontrar un espacio en plena mitad de la jornada laboral, me decido y expongo, lleno de esperanza, el motivo que me ocupa. Luego de un instante de reflexión, la voz al otro lado de la línea me dice :

- En efecto, un vehículo cuya potencia cambia debe someterse a una recepción a título aislado, así no más. Su razonamiento no tiene tacha : mayor rendimiento con un regulador de tipo mini-max para automóvil quiere decir mayor potencia.
- Muy bien, y puesto que es así, ¿ cuántos vehículos a la vez se pueden enviar para la recepción ?
- Vaya, parece que no comprende usted el asunto. ¡ Eso no es de nuestra incumbencia ! ¿ Se imagina si tuviésemos que pasar todos los vehículos a recepción ?
- ¿ Cómo así que todos ?
- Bueno, un vehículo de cada dos no es uniforme : entre el tamaño de la llantas, las piezas de recambio no homologadas por el constructor, imagínese usted... ¡ es imposible el control, no existen los medios para hacerlo !
- ¿ Y entonces ?
- Bueno, en lo que respecta al "tuning", voluntario o involuntario, se considera que las personas son adultas como para que sepan lo que hacen. Si no se hacen visibles, nadie se enterará.
- Ah, bueno, visto así parece bien.
- De todas formas, si se modifica la potencia, le pediremos que acuda al fabricante.

El resultado de estas averiguaciones rápidas es que no se requiere homologación, pero en cambio se requiere una recepción a título aislado, la cual no se puede hacer porque se entorpecería el sistema, entonces lo importante es que el fabricante esté de acuerdo.

Además, pareciera que el Estado ha atacado ya a los fabricantes de kits electrónicos que aumentan la potencia de los motores diesel de rampa común. Cierto o no, nada de eso nos dice algo que valga la pena.

Por si las dudas, es mejor concentrarse en los tractores.

Fig. 39 : El duro combate por la conformidad.

Les aseguro...

A fin de cuentas, ¿ cuál es el riesgo con los vehículos ?

En primer lugar, cualquier modificación de un motor bajo garantía la anula, con toda seguridad. Pongámonos en el lugar de un fabricante de motores : si tuviera que reparar gratis todos los cacharros de sus clientes, no daría abasto.

El riesgo material es una cosa, pero hay otra aún más grave. Estudiemos por un momento el escenario siguiente. Un automovilista hace una modificación a su vehículo y un tiempo después es responsable de un accidente mortal. El perito de su aseguradora nota la modificación e informa a la aseguradora que el conductor ha modificado el vehículo, y muy probablemente asociará la causa del accidente con esta modificación. El asegurador está en capacidad de rehusar la indemnización a la familia de las víctimas con el pretexto de que el asegurado ha modificado el vehículo. Y es entonces el asegurado el que debe correr con los gastos de la indemnización, lo que significa su ruina. Puede incluso ser hasta blanco de una condena penal.

En consecuencia, es en extremo peligroso modificar cualquier cosa en el propio vehículo sin tener la certeza de que el contrato de aseguramiento y responsabilidad civil siga siendo válido. Una respuesta telefónica del asegurador a propósito es totalmente insuficiente. Es absolutamente necesario obtener un documento escrito de la compañía aseguradora (no del corredor) que estipule que la modificación del vehículo no cambia en nada la garantía original del contrato. Lo cual es prácticamente imposible de lograr, a pesar de lo que dicen algunos.

Nuestras conclusiones sobre el tema son categóricas. Todos los profesionales que interrogamos sobre el tema están de acuerdo en que se trata de un asunto extremadamente delicado.
Entrevistamos a numerosos aseguradores, concesionarios, mecánicos,

sindicatos y asociaciones profesionales. Todos afirmaron que sin el visto bueno del fabricante del automóvil no hay ninguna posibilidad.
De manera clara, un experto en automóviles y en accidentología nos aconsejó firmemente pasar nuestro kit por un banco de pruebas a fin de constatar lo contrario de lo que se quería demostrar, es decir que no hay ahorro ni potencia suplementaria. Y fin del problema.

Vueltas en círculo.

La única salida sería una presión ejercida por un industrial poderoso, poseedor de un parque automotor destacado, frente a su aseguradora. En este caso la relación de fuerzas en juego podría obligar al asegurador a tener en cuenta la modificación para no perder el contrato.

Hacemos esta aclaración con honestidad para informar de manera precisa a nuestros interlocutores sobre este asunto, en vista de que las consecuencias potenciales de las modificaciones que se lleven a cabo de manera no controlada pueden ser aterradoras, si bien, claro está, son esencialmente jurídicas y no mecánicas.

Los experimentadores benévolos

¿ Quién se preocupa por las consecuencias jurídicas de sus actuaciones en el fondo de un taller, o en el atelier de una granja ? Los cacharreros, incluso cuando crean genialidades, son totalmente inconscientes de ello. Debemos reconocerles el mérito de haber pasado a los hechos.

Numerosas personas realizaron sus propios ensayos durante los últimos años, y continúan haciéndolo aún hoy. Citamos especialmente a Antoine Gillier y Michel David, los más meritorios a nuestro criterio, quienes tuvieron el coraje y la paciencia de probar múltiples y astutas combinaciones de todos los sistemas en el anonimato, con una sencillez, un desinterés y un sentido de compartir que merecen respeto.

Citamos también a Michel Schmidt y Hervé Fargeix, que incansablemente organizaron presentaciones sobre el sistema Pantone para todos aquellos con ganas de realizarlo por sí mismos.

Es preciso rendir homenaje a todos estos investigadores y propagadores clandestinos, imposible mencionarlos a todos, que probaron y probaron sin descanso, como nosotros, para llegar a buenos resultados con los medios a disposición. Una de las motivaciones de la creación de Hypnow fue justamente la siguiente reflexión :

¿ Qué se puede hacer por todos aquellos que no saben soldar, o que no tienen el tiempo, o que no tienen herramientas o las competencias suficientes ?

Respuesta : concebir un producto industrial estándar y divulgarlo por los canales comerciales habituales. Hay millares de motores a equipar de urgencia para frenar la polución y el consumo. Algunos planos gratuitos y fotos de los montajes no son la respuesta a la problemática. Se trata de un proyecto de empresa que requiere de la libertad de explotar, y por lo tanto de un enfoque original, cuya propiedad intelectual sea efectiva e inalienable.

Había que pasar entonces de la experimentación benévola y de la reproducción de lo existente a un trámite activo que pudiera ser reconocido como tal sin ambigüedad, y sobre todo, como ya se ha dicho, sin correr el riesgo de ver frustrada la acción.

No todo el mundo entiende esto, y no sorprende que tengamos numerosos detractores, incluso dentro de los "ecológos". Algunas veces nos tildan de capitalistas, lo que es el colmo. El problema de los ecologistas extremos es que si uno encuentra una solución y la pone en marcha, hay una razón menos para criticar.

Seamos realistas. Cuando se emprende algo, uno tiene inmediatamente en contra a todos aquellos que hacen lo mismo, a aquellos que hacen lo contrario, y, sobre todo, a aquellos que no hacen nada.

Fig. 40 : Critico, luego existo.

Las 1001 motobombas

O cómo aprender a volar arrojándose desde un acantilado

Estamos a finales de 2005.

Luego de varias semanas, algunos kits de SPAD por soldar se distribuyen y el rumor corre hasta Alsacia, donde nuestro corresponsal de entonces se emociona más y más con la jugosa explotación del proceso. Rindámosle el homenaje que se merece. Probar con nuestros cacharros era meritorio en aquél entonces. Él comenzó con su tractor. El potencial era enorme : por lo menos cinco mil motobombas en la llanura de Alsacia, eso inspira respeto. Los primeros SPAD en acero inoxidable estaban disponibles, como resultado de tres ensayos bastante concluyentes.
Le dije a David:

- ¿ Y si creáramos nuestra sociedad ?
- Uff, realmente no tengo ganas de aburrirme con papeleos.
- Equipar mil motobombas de manera discreta, eso no va a ser tan fácil. Además, te recuerdo que estamos vacantes, y eso nos daría empleo.
- Muy bien. ¿ Qué propones ?
- Yo me ocupo de los papeleos.
- Ok, yo lanzo una serie de 100 piezas.
- Bueno, ¿ pero 20 no serán suficientes para empezar ?
- No te preocupes.
- OK.

Fig. 41 : La creación de empresa

Creamos la sociedad limitada HYPNOW (Help Yout Planet NOW) el 3 de abril de 2006 en Aix-en-Provence.

Qué error.

Tres ensayos sobre cinco mil, eso no es precisamente una muestra representativa. Muy rápido vinieron los telefonazos, uno tras otro : nada de ahorro en las instalaciones. Una pesadilla. Muy tarde para dar marcha atrás. Había que mover las alas, si no nos íbamos a pique.
Diablos, ¿ por qué la cosa funcionaba en un caso y en otro no ? Había una sola explicación : existen características de los motores que nosotros no supervisamos y había que entrar al meollo del asunto. En aquella época yo había adquirido un librito muy detallado sobre motores diesel. Se lo di a David. Nos tomó varias semanas de investigación y de estudio para empezar a comprender. ¿ En qué se diferenciaban de los otros las tres motobombas en las que se habían obtenido buenos resultados ? Habían sido fabricadas con... ¡ motores de tractor !

David se dio a la inmersión de la lectura y pasó muchas horas horas digiriendo el librito, pidiéndome café de cereales a cada página. Escrito así suena un tanto novelesco, pero no era tan así. Sólo imaginen la dosis de estrés...

De repente, lo veo emerger de las profundidades con un bello aspecto y una gran sonrisa : ¡ es el regulador el que es diferente ! ¡ El regulador ! ¡ No es lo mismo en el motor de un tractor que en el de una motobomba !
Vaya. Una pista. Pero demonios, ¿ qué es esta historia del regulador ? Paciencia, lo explicaremos en detalle al final del libro.

Una estadía donde un dieselista Bosch especializado en motores industriales se hacía obligada para aclarar nuestro farol. Nuestro atelier se convirtió en una clínica en la que disecamos bombas de inyección para examinar el regulador. Muy instructivo.

Una vez más, un acontecimiento negativo nos había hecho avanzar enormemente.

Pérdidas a todo nivel

¿ Conocen los "factores humanos" ?

Estamos a 6 de octubre de 2008 y David acaba de estar 30 minutos al teléfono conversando con un técnico, cuyo empleador es el representante en Francia de una gran empresa japonesa que fabrica material para obras públicas. Como de costumbre, el tema de la conversación es la regulación del motor. No hay ahorro, a decir del cliente final, y en consecuencia hacemos nuestra encuesta habitual. Erguido en su silla, algo tenso, David interroga a su interlocutor sobre el estatismo de la bomba de inyección. Existe un motor paso a paso que acciona tres modos de funcionamiento. El modo utilizado por el cliente es el que da mayor potencia. El de "abajo" da una potencia apenas inferior en algunos puntos porcentuales. Nada que el hecho de pasar de uno a otro permitiera ayudar al regulador, y dejar adaptar el consumo a la carga sin una gran pérdida de desempeño. A punta de números de serie, David terminó teniendo la información que necesitaba. Hay un resorte en el regulador, un estatismo razonable, y por lo tanto debería verse una diferencia en el consumo. Aunque sea sólo del 10%.

¿ Qué es lo que fallaba entonces ? ¿ Podía ser que el conductor hubiese medido mal ?

Silencio incómodo.

- En todo caso, cuando nosotros entregamos una máquina se hace firmar un papel al cliente con el consumo marcado encima...
- ¿ Qué consumo ?
- El consumo ... normal.
- Pero por qué, ¿ no es el mismo, "verdad" ?
- No, siempre hay más. Digamos que no todo el gasóleo es usado en el artefacto.
- ¡ Pero al final el motor consume lo mismo ! ¿ Hay fugas en sus má-

quinas ?
- Bueno, son tiempos duros, a veces los empleados más viejos redondean los fines de mes. Y debido a su edad, no es posible decirles nada.

¡ Vaya !

Eso nos trae malos recuerdos. Al comienzo, pero no diremos dónde para no incomodar a nadie, equipamos dos barredoras municipales con un SPAD : 40% de economía durante quince horas. Y después nada. Se verificó el montaje en el lugar, y todo estaba OK.
David se pone nervioso y va hasta la estación de servicio, en ropa de trabajo, con un cigarro en boca, de incógnito.
Luego de un cuarto de hora de trabajo, la barredora se posiciona elegantemente delante de la bomba, con aire de nada. Y zas, luego del llenado, "se" pone el excedente en un bidón, con el fin de no falsear las estadísticas habituales. ¿ Y el bidón ? Para extraerle el servicio, se lo coloca en el baúl del vehículo, nos ocuparemos de él, no se preocupen. Y sí, se trata de gasóleo "blanco", utilizable en los vehículos.
Voy a la ofcina del jefe, con una úlcera en el estómago, para oirle decir con resignación:

- ¿ Ah, las "pérdidas" ? Sí, lo sé, pero la paz social tiene un precio.

Rara vez me quedo sin voz, pero esa vez, nada de sonido, nada de imagen. Es bonita la expresión "pérdida", ¿ no ?

De regreso del Congo, David me explica que allá los criterios de contratación son sencillos. Quien requiere la menor cantidad de gasóleo es quien tiene el trabajo. De hecho, en la noche los guardias de las grandes sociedades revenden el gasóleo a los taxis. ¿ Quién se enojaría con ellos ? Ganan 80 euros al mes.

Mi amigo Gérard, a quien conté estas anécdotas, estalló de risa.

- Yo, cuando estaba en Marruecos haciendo un estudio sobre el consumo de los artefactos, vi con mis propios ojos a los empleados llenar sus garrafones de gasóleo y repartirlo en la noche con nosotros. Un litro al día, 30 litros al mes...

Moraleja : piensen en instalar un flujómetro aplomado y Wi-Fi si quieren el consumo real de una máquina provista de un economizador de carburante. O si no compartirán las economías entre el patrón y los empleados. Sin precaución alguna, la cosa falla.

Mayo de 2008

París, mes de mayo. Ropas ligeras y sol encantador, la jornada se anuncia agradable.
Con mi amigo Christophe hacemos cabotaje de café en café para ir a explorar una librería técnica especializada encontrada en la red. Una vez en el lugar, el vendedor, blando como silicona, me interroga sobre el motivo de mi visita.

- Quiero todo lo que tenga sobre motores, carburantes, polución, etc.

A la espera del resultado, y confiando en que le tomará menos de un día, me paseo entre los estantes, con la cabeza girada 90 grados para poder leer los títulos.
Me topo con el Mémento de Technologie Automobile editado por BOSCH, 1230 páginas de pura técnica. Un buen regalo para David. Está lleno de esquemas, bombas y tablas. Lo va a poner en un estado casi hipnótico. De golpe, me dan ganas de hacerme también yo un regalo.

Sorpresivamente, el vendedor vuelve con un aire menos relajado que antes, y me susurra :

- Encontré algo, pero está en inglés.
- No hay problema. Déjeme ver...

Quedo estupefacto. Al cabo de unos segundos no cabe duda de que he encontrado la biblia de los procesos de síntesis de carburante y de mejoramiento de la combustión. Tan sólo 424 páginas... en inglés. ¡ No lo conocía, pues acaba de salir ! Se titula "Fuel Processing", de Gunther Kolb.

Despierto a mi viejo amigo Christophe, que dormita en una silla, y partimos de nuevo hacia el Faubourg Saint Honoré, en busca de una buena cervecería para dar una ojeada al material.

El libro es como un electrochoque.

Decenas de grupos trabajan en el tema. Es necesario darse prisa y sacar nuestro reactor miniaturizado lo más pronto posible.

18 de agosto de 2008

Esta vez sí destapamos champaña. El fax de pedido del Consejo General es el primer elemento significativo concreto después de mucho tiempo. Salvo la confianza de nuestros revendedores, no se habían recibido manifestaciones realmente rentables. Nuestros argumentos se basaban sobre todo en los testimonios de nuestros clientes. Era difícil convencer a los más escépticos, que nos pedían "pruebas". El entusiasmo y la voluntad decidida de los *Sapeurs Forestiers* de equipar todo su parque representaban ciertamente un buen negocio, pero sobre todo un referente de peso que iba a generar una excelente publicidad. De pronto el ambiente se tornó un poco más sereno.

Hay que decir que, desde nuestra perspectiva, la utilización de agua como aditivo en los motores es de una evidencia total. ¡ Hay tal cantidad de inventores que lo han hecho ! Pero la memoria de los humanos es frágil y tenemos que responder a priori a cuestiones como :

- ¡ Tienen que trabajar que con los fabricantes !
- *Ellos no quieren.*
- ¡ Pero si eso funcionara, se sabría !
- *Hace un siglo que existe.*
- ¡ También he escuchado decir que el agua daña los motores !
- *Entonces deje usted de trabajar cuando llueve...*

Por fortuna tenemos testimonios por montones. Aquí hay algunos ejemplos:

M.G., en el 16, pasa de 30 L/h a 21 L/h, y certifica 30% más de potencia en una segadora Fendt de 250 caballos con una bomba Bosch electrónica

M.L., en el 67, obtiene 40% de economía en un Renault Ares 816 de 150 caballos con una bomba Delphi equipada con un Retrokit E2-70.

M.G., en el 63, obtiene 40% de economía en un Massey Fergusson con motor Perkins de 95 caballos con una bomba CAV Lucas equipado con un SPAD RM90.

Etc.

Gracias a todos aquellos que se tomaron el trabajo de comunicar sus resultados. Y gracias a aquellos que los recopilaron.

11 de septiembre de 2008

Una vez más París. Llego sin tropiezos y me dirijo de nuevo al Faubourg Saint Honoré para una entrevista con un abogado especializado. El calor es sofocante, tropical. Pierdo algunas calorías arrastrando mi maleta de rodachines junto con el material de video y mis cosas personales en un ambiente que parece de sauna. Ideal para perder uno o dos kilos.

Esta etapa jurídica, una entre otras para validar la formulación de nuestros documentos, se coló en mi viaje a Londres, a donde debía reunirme con Jean-Pierre y filmar su conferencia. Los abogados son un mal necesario. No tengo nada contra ellos, pero muy a menudo su trabajo consiste en complicar las cosas para proteger a su cliente. Lo nuestro no es, definitivamente, la complicación. En todo caso se confirmó por enésima vez que es mejor mantenerse por fuera del dominio público. No nos meteremos ni con los automóviles, ni con los camiones : por lo menos eso es claro.

Mis pensamientos divagan. La temporada pinta bien, pero la crisis se dejará ver, tarde o temprano. Nuestra intuición nos llevó a aprovecharnos del verano para lograr la industrialización del Retrokit Nano sin esperar. Esa fue nuestra salvación. Si no lo hubiéramos hecho, no habríamos podido resistir el viento de pánico del otoño de 2008, que paralizó nuestra ventas durante tres meses. Durante este periodo sólo vendimos "Nanos", pequeños y nada caros...

El petróleo baja, la urgencia disminuye en los países industrializados. En el resto del mundo la presión del precio de los carburantes sigue siendo un fardo insoportable. Aún no contamos con suerte.
Conducir el propio vehículo es el placer menos caro de los franceses : tres euros por hora. Mejor que ir al cine.

Túnez

Martes 20 de mayo de 2008, 129 dólares el barril.

En Túnez no es que nos haya ido tan bien, toda una sucesion de chaparrones erráticos. Poco importa, nos encontramos en la mañana en el Ministerio de Agricultura con un técnico bastante curioso de reencontrarse con nosotros luego del sorprendente rumor que llegó hasta él... Un grupo electrógeno redujo su consumo de 21 a 13 litros por hora. El CRDA de Sfax, el equivalente de la DDE en Francia, va a pedir otras instalaciones, y la noticia comienza a difundirse. Hasta han llegado a apodar al SPAD con el nombre de "chicha", puesto que hace burbujas.
Mañana justamente tendremos que hacer una presentación en Sfax, con motivo de la feria... Pero nuestro contacto, si bien estaba advertido de que partíamos el jueves, aceptó trasladar la reunión para... el jueves. "¡¿ Pero si ustedes siempre parten el viernes... !?"

En Túnez no se puede prever nada con anticipación. Uno va, y todo se organiza en el lugar. Hay que hacerlo todo, la lógica local es diferente, sólo se vive el momento, el mañana está demasiado lejos. La ventaja de todo ello es que el estrés es una noción tan exótica como la certidumbre. Así que una vez que entendemos la inutilidad de nuestra agenda, la estadía es más bien placentera, y nos permite desarrollar otros procesos de decisión, basados en el instinto. Si bien la decisión en sí misma está sujeta a interpretaciones muy orientales. La frontera entre el sí y el no cambia continuamente. Nunca se está seguro de nada, lo que, visto con optimismo, deja lugar a la esperanza. En todo caso, una de nuestras distracciones favoritas es hacer preguntas cerradas para degustar las improbables respuestas, nunca verdaderamente próximas ni al "puede ser", ni al "no es seguro". Una delicia, que nos divierte bastante. La respuesta estándar es "normalmente", que quiere decir "seguro, salvo que no sea posible". ¡ Parecería el juego del ni si ni no, sino todo lo contrario ! Son verdaderamente un caso.

Esta vez nuestro contacto se supo desenvolver bien, hay que reconocerlo, y todos los esfuerzos emprendidos van "normalmente" a rendir sus frutos. Hay ciertos grupos electrógenos a equipar, y vamos a hacer una propuesta para una instalación piloto en un barco de pesca en Sfax. Vamos decididamente a proponer el cambio del regulador RQV de la bomba de inyección por un RSV, que regula mejor (ver el capítulo sobre los reguladores), a fin de poner las probabilidades de nuestro lado. En este sector, el precio del gasóleo alcanza precios insostenibles. El ahorro no representa sólo aligerar las facturas, sino prolongar los empleos, respetar las cuotas de pesca y también contaminar menos el Mediterráneo. Pero siendo realistas, sólo el primer argumento es verdaderamente decisivo.

Sfax es una gran ciudad muy dinámica, incluso en lo que concierne a la invención de nuevas reglas de conducir automóviles. En Túnez todo es arriesgado ; en Sfax todo es más creativo. Allí se entiende mejor para qué sirve un Klaxon. ¡ La Fiat 126 que adelantamos doce veces en el camino, hela ahí en frente nuestro ! ¡ No es posible ! ¿ Acaso nos pasó por encima, o es que hay varias ?

El astillero naval que visitamos la última vez fue también toda una sorpresa. Digamos que los métodos de construcción, a pesar de que son los habituales, siguen siendo los mismos luego de quién sabe cuánto tiempo. Las soluciones técnicas tienen el mérito de estar adaptadas al contexto, pero la verdad es que yo no zarparía a altamar en una carcazas semejantes, aunque fuesen nuevas, sin un poco de aprehensión.

Esta vez no volveremos a Sfax. Una reunión en el momento del despegue no es fácil. Al día siguiente, de golpe, haremos un paseo por Hammamet para encontrarnos con nuestro amigo Stéphane, que pasa su primera temporada en el país del "normalmente". Meditaremos juntos en la piscina sobre el significado real de la expresión "seguro" en los casos en que se da como respuesta a la cuestión: "¿ Está todo listo ?".

Como cada vez que se encuentra uno en Túnez, el cambio de referentes produce efectos benéficos. Las ideas se aclaran, se identifican las soluciones y se toman decisiones.

Fig. 42 : Agua caliente, puede servir para el té.

Egipto

En el 2005, David partió hacia Egipto, país que conocía bien, para experimentar en la Facultad de Ciencias de Alejandría en un motor de tractor junto con dos estudiantes ruandeses, Jean y Vincent. En condiciones rústicas, el consumo bajó 35%. El test fue realizado con un protocolo sencillísimo, consistente en acoplar la toma de fuerza del tractor a un banco hidráulico sin electrónica. El motor fue regulado a 70% de su carga nominal para reproducir un funcionamiento normal. Al final, se obtuvo un certificado de la facultad relativo a los resultados.

Fig. 43 : Test del SPAD en la Facultad de Ciencias de Alejandría.

26 de mayo de 2008
Recibo un "sms" de David diciéndome que logró obtener en Egipto una disminución del consumo espectacular en un grupo electrógeno equipado con el mismo motor Deutz sobre el que se hicieron ensayos en Francia. La cosa es incomprensible. Pero es excelente para dar moral. Forzosamente hay una explicación : hay que buscar por el lado de los protocolos de prueba, no hay duda de eso.

En el lugar, evidentemente, todo mundo está en revuelo. Hay que ver cómo se va a concretar todo...

Octubre de 2008
Regresamos ambos a Egipto. El Cairo es un hormiguero alucinante que desafía la imaginación. La polución allí es catastrófica

Millones de personas respiran permanentemente los gases de escape de motores cuya vetustez y robutez sólo son igualadas por su glotonería y toxicidad. Las reglas de conducción son peores que en Túnez o en Sfax, es surrealista. Un pequeño reactor bien estudiado, de la familia Retrokit, será la respuesta ideal a este derroche de chimeneas negras, incluso si el consumo baja poco. No hay ninguna esperanza de que el parque automotor se renueve rápidamente y el nivel de vida es aún muy bajo, a pesar de que el país da pruebas de un dinamismo sorprendente gracias a la juventud de su población. Nuestros contactos parecen estar listos para concretar 3 años de trabajo bajo la forma de una cooperación. Pero sus clientes son los fabricantes de automóviles. ¿ Resistirán la crisis ?

Lo veremos.

Fig. 44 : ¡ Lo mejor es no consumir para nada petróleo !

El dinero enceguece

Hemos aprendido a discernir ese resplandor desconcertante que cubre el rostro de todo aquel que, mentalmente, espera convertir los ahorros de carburante en moneda contante y sonante. Los dólares desfilan ante sus ojos como sobre el cartelero de una máquina de frutas. Las gigantescas ganancias potencialmente generadas por el menor porcentaje de ahorro de carburante provocan trances inquietantes.

Es en extremo difícil remunerar una instalación proporcionalmente a su economía, y esto por dos razones. Para empezar, la simplicidad del producto lleva a un precio de venta que no tiene una base de medida común con el monto potencial de las ganancias en varios años. Segundo, y como corolario de ello, la tentación de ceder al "derrame" lucrativo induce ciertamente derivas que son fuentes de conflicto entre el cliente y el instalador El consumo debe ser medido sin ninguna ambigüedad, y no dar lugar a ninguna discusión. Misión casi imposible.

Es eso lo que provoca mayor decepción en aquellos que han pensado en convertirse fácilmente en millonarios con sólo chasquear los dedos.

A comienzos de 2008, un alemán nos compra un kit para un ensayo y nos pregunta si puede distribuir nuestros productos, pero bajo su propia marca, por razones de marketing, y patatí patatá. Bueno, a priori por qué no, estudiemos la cuestión. En principio, los alemanes son más bien rigurosos. David parte hacia Alemania para hacer la instalación y se da cuenta con sorpresa de que el montaje ha sido vendido en cien mil euros, sin mencionar a Hypnow, bajo la forma de un contrato remunerado en vista de los presuntos ahorros, y antes de que se realicen las pruebas. Una locura total. El colmo de la mala   pata para el cliente, pues los ahorros resultaron ridículos dado que su grupo electrógeno, conectado a la red eléctrica, no podía regular, siendo su velocidad de rotación casi invariable.

Ahora nos mantenemos en estado de vigilia con respecto a nuestros colaboradores potenciales. Siempre comenzamos por ver si no tienen una aleta en el dorso y verificamos si hacen la diferencia entre una llave de doce y un rallador de queso

Fig. 45 : ¿ Con quién tenemos negocios ?

¿ E Hypnow en todo esto qué ?

Queremos desarrollar técnicas ecológicas que se traduzcan en productos **concretos**. Cueste lo que cueste, incluso si el despegue es lento y difícil, incluso si la crisis nos pone trancas en las ruedas.
Reivindicamos :
- El primer plano "profesional" gratuito a disposición de los cacharreadores.
- El dimensionamiento de un reactor estándar fácil de instalar y utilizar.
- La voluntad de industrializar para difundir.
- La búsqueda permanente de soluciones que permitan la difusión al mejor precio.
- La comprensión de los criterios de buen funcionamiento (especialmente una tasa de carga elevada y un bajo estatismo).
- Un método de pre-diagnóstico de los motores, caso por caso.
- La puesta a punto de un reactor miniatura constituido de tubos, perpendicular al tubo de escape, lo que nunca ha sido hecho de acuerdo con nuestro conocimiento.
- En los capítulos que siguen entraremos en los detalles de lo que es necesario saber para utilizar nuestros procesos, u otros que persigan el mismo objetivo.
- En efecto, si el producto es simple, su puesta en marcha lo es mucho menos.

Tercera Parte

INFORMACIONES CONCRETAS

El Motor Diesel

Abundantemente descrito en la literatura técnica, como por ejemplo en el libro de Weber, el concepto de Rudolf Diesel es un gran clásico de la motorización moderna.

Tal como el motor térmico de gasolina, el motor Diesel está conformado por pistones que se deslizan en los cilindros, encerrados por una culata que une los cilindros a los colectores de admisión y de escape, y provisto de válvulas gobernadas por un árbol de levas.

Su fucionamiento se basa en el auto-encendido del gasóleo (gasoil), combustible pesado o incluso aceite vegetal en bruto, en aire comprimido en el interior del cilindro (relación volumétrica de 16/1 a 28/1), y calentado entre 700° C y 900° C. En cuanto el carburante es inyectado (pulverizado), éste se enciende casi instantáneamente, sin que sea necesario recurrir a encendido por medio de bujías. Al arder, la mezcla aumenta fuertemente la temperatura y la presión en el cilindro (de 35 a 55 bar en motores atmosféricos y de 80 a 110 bar en motores turbocomprimidos), reempujando el pistón que ejerce una fuerza de trabajo sobre una biela, la cual produce la rotación del cigüeñal (o árbol-manivela que hace el papel de eje del motor ; ver sistema biela-manivela).

El ciclo Diesel de cuatro tiempos se descompone como sigue :

1. admisión de aire por la abertura de la válvula de admisión y descenso del pistón ;
2. compresión de aire por la subida del pistón, con la válvula de admisión cerrada ;
3 inyección-combustión-distensión : poco antes del punto muerto en lo alto se introduce, mediante un inyector, el carburante, el cual se mezcla con el aire comprimido. La combustión rápida que sigue constituye el tiempo del motor, los gases calientes reempujan el pistón hacia abajo y liberan una parte de su energía, la cual puede ser medida mediante la curva de potencia del motor ;
4. escape de los gases quemados por la abertura de la válvula de escape,

empujados por una nueva subida del pistón.

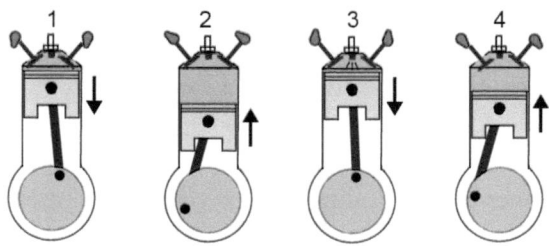

Fig 46. : Los cuatro tiempos del motor Diesel.

La combustión de carburante (oxidación viva del hexadecano) por el oxígeno (conocido en química como "dioxígeno") presente en el aire es una reacción química que libera calor más residuos de combustión. La ecuación perfecta de la combustión diesel del gasóleo es la siguiente:

$$2\ C_{16}H_{34} + 49\ O_2 = 32\ CO_2 + 34\ H_2O$$

En buen castellano : hexadecano más oxígeno producen dióxido de carbono y agua.

En la práctica, se considera que son necesarios 30 g de aire para quemar 1 g de combustible.
Debido a que las condiciones de la combustión no son nunca las ideales y a la composicion misma del carburante, el proceso de combustión genera además un cierto número de componentes :

- Hidrocarburos no quemados (HC, medidos en ppm*)
- Óxidos de nitrógeno (NOx, medidos en ppm)
- Monóxido de carbono (CO, medido en ppm)
- Oxígeno (O_2, medido en %)
- Partículas (hollínes negros, opacidad)

*ppm = partes por millón, es decir, una millonésima.

Los famosos NO_x (NO y NO_2) provienen de la oxidación del nitrógeno del aire durante una combustión a alta temperatura. Son contaminantes tóxicos e irritantes. Por efecto del sol, se transforman en ozono, gas oxidante tóxico, irritante para las vías respiratorias y los ojos. Cuando se miden las emisiones de los gases de escape, la presencia de oxígeno en exceso (mezcla pobre) induce la presencia de NOx.

El motor es un transformador de energía química en energía mecánica. El rendimiento o eficiencia de un motor es la relación entre la energía mecánica obtenida y la energía suministrada al motor (energía química contenida en el carburante). Es importante optimizar este rendimiento para evitar las pérdidas de energía, en particular en un contexto de desarrollo sostenible. Gunther Kolb (autor de "Fuel processing") precisa que el rendimiento aparente de un vehículo en circulación urbana es apenas de 12% e inclusive de 8%.

En condiciones óptimas de funcionamiento, el rendimiento del un motor Diesel es de 35 a 38% (42% para los nuevos motores de rampa común, "common rail"). Quiere decir que en promedio un tercio de la energía suministrada por el carburante es transformada en energía útil para hacer avanzar el vehículo, siendo el resto disipado principalmente en calor hacia la atmósfera. No obstante, estas condiciones óptimas corresponden a una utilización del motor en un régimen de carga elevado.

El motor Diesel tiene su mejor desempeño cuando es utilizado :

- en su régimen de par máximo
- con cargas elevadas (ver el capítulo "Tasas de carga").

La bomba de inyección

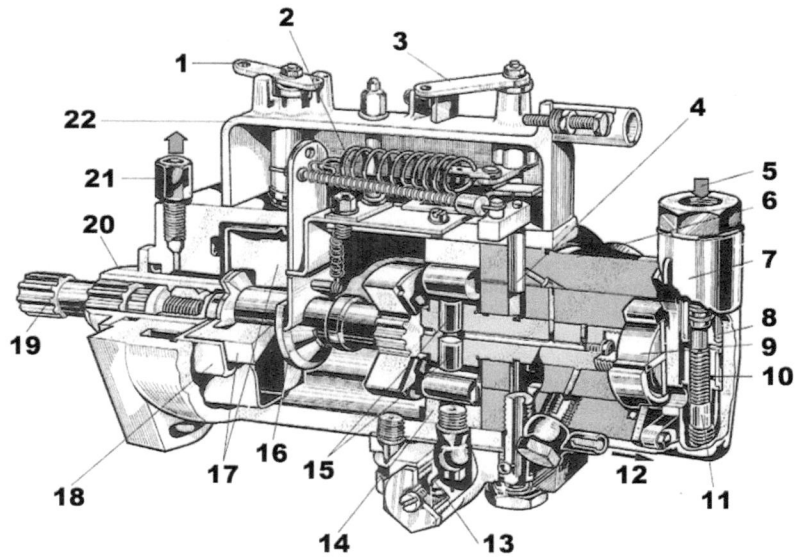

Fig. 47 : Bomba Lucas tipo DPA

1. Stop
2. Regulador mecánico
3. Palanca de velocidad
4. Válvula de dosificación
5. Admisión de gasóleo
6. Cabezote hidráulico
7. Tapa
8. Filtro de nylon
9. Bomba de transferencia
10. Camisa de la válvula reguladora
11. Pistón de regulación
12. Hacia el inyector
13. Dispositivo de avance automático
14. Anillo de levas
15. Pistones

16. Mango de acople
17. Masas
18. Caja
19. Árbol acanalado
20. Mango de arrastre acanalado
21. Retorno de gasóleo
22. Capot

Una vez que un motor diesel equipado con una bomba de inyección mecánica está en marcha, la única forma de detenerlo es cortando el suministro de carburante. Puede funcionar sin batería y sin alternador. Por tanto, es la bomba la que arrastra al motor más que lo contrario.
La concepción de esta pieza es bastante compleja. Sin embargo, comparada con los recientes sistemas de inyección del tipo "rampa común", la buena y vieja bomba es un "Meccano" que todavía es posible abrir y reparar. Su simplicidad reside en los pocos medios que hay que desplegar para asegurar su mantenimiento.

Su finalidad es inyectar en las cámaras de combustión del motor el carburante necesario para su buen funcionamiento, en el momento oportuno y en la cantidad apropiada

La bomba de inyección está formada de piezas mecánicas relativamente simples pero muy bien ajustadas, ensambladas con astucia en un mecanismo que es lubricado por el carburante. En el esquema que sigue se advierten muy bien los riesgos de reemplazar el gasóleo por aceite vegetal sin tomar serias precauciones.

Por ejemplo, las bombas rotativas CAV / Lucas (Rotodiesel) de tipo DPA equiparon la mayor parte de los motores Perkins a partir de 1970 y hasta mediados de los años 90. Hoy día, esas bombas equipan motores nuevos destinados a exportación, sobre todo hacia los países en vías de desarrollo.

Las ventajas de estas bombas son:

- repartición simple y económica mediante piezas separadas adaptables.
- resistencia a los carburantes de mala calidad.
- graduación fácil del resorte de regulación.

Es el regulador de masas de la bomba de inyección el que limita la cantidad de carburante a inyectar en función de los deseos del usuario y/o de la tasa de carga del motor.

La tasa de carga

Fig. 48 : La tasa de carga es un criterio mayor.

La noción de tasa de carga que utilizamos es la relación entre la potencia real utilizada y la potencia máxima que el motor puede suministrar. En la mayoría de los casos está comprendida entre 30% y 90 %.
30% corresponde a una tasa muy baja, es decir que el consumo está cerca del suministro mínimo (motor sin carga) y en consecuencia no podrá ser disminuido por el regulador.
50% corresponde a un uso normal, que preserva la duración del motor.
90% corresponde a una carga máxima, es decir que el consumo está cerca del suministro máximo y en consecuencia podrá ser corregido por el regulador o por el acelerador.
La tasa de carga depende de tres parámetros :

El primer parámetro es el **consumo horario**, calculado en litros por hora. Hay que tener cuidado con los vehículos de carretera, pues su consumo se mide en litros por cada 100 km, y por lo tanto es necesario multiplicar el consumo por la velocidad media horaria y dividir por 100 (velocidad media de un vehículo : 50 a 60 Km/h en carreteras, 110 Kh/h en autopistas, y 70 Km/h con carga pesada).
Por ejemplo : para un vehículo diesel que consuma 8 L cada 100 km a 60 Km/h de velocidad promedio, el consumo horario es :
8 x 60 / 100 = 4,8 L/h.

El segundo parámetro es la **potencia nominal** (P max) del motor en cv (cv es la abreviación de "caballos de vapor" de manera que se habla de la potencia en "caballos"), dato suministrado en la ficha técnica del fabricante. Cada vez cobra más fuerza expresar la potencia en kW, siendo la equivalencia la siguiente : 1 cv = 0,736 kW.

El tercer parámetro es el **consumo específico** (Cs) del motor, en g/kW-h. En general, y con el fin de simplificar los cálculos, se escoge :
- 230 g/kW-h para los motores de inyección mecánica.
- 195 g/kW-h para los motores de inyección electrónica de rampa común, conocidos como "common rail".

Conversión de unidades del consumo específico en L/cv :

A temperatura ambiente, 1 Litro de gasóleo pesa 0,85 kg, por tanto 240 g/kW-h equivalen a 0,207 L/cv y 195 g/kW-h equivalen a 0,167 L/cv.

Fórmula de la Tasa de carga (Tc) :

Tc = Consumo horario (L/h) x 100
/ (Potencia nominal (cv) x Consumo específico (L/cv))

Concreticemos estas fórmulas con algunos ejemplos:

1) Tractor (inyección mecánica) de potencia máxima de 85 cv con un consumo de 8 L/h : Tc = 8 / (85 x 0,207) x 100 = 45 %.

2) Tractor (rampa común) de potencia máxima de 180 cv con un consumo de 22 L/h : Tc = 22 / (180 x 0,167) x 100 = 73 %.

3) Vehículo (rampa común) de potencia máxima de 90 cv, desplazándose a una media de 60 Km/h con un consumo de 6,5 L/100 km :
Tc = (6,5 x 60/100) / (90 x 0,167) x 100 = 26 %.

4) Camión (rampa común) de potencia máxima de 480 cv, desplazándose a una media de 70 Km/h en autopista con un consumo de 35 L/100 km : Tc = (35 x 70/100) / (480 x 0,167) x 100 = 30 %.

5) Grupo electrógeno (inyección mecánica) de potencia de motor de 70 cv y generador de 36 kW con un consumo de 7 L/h :
Tc = 7 / (70 x 0,207) x 100 = 48 %.

Fórmula simplificada de la tasa de carga para motores diesel de inyección mecánica :

1/0,207 = 4,83 que aproximado a 5 da :

Tc = Consumo horario (L/h) x 5 x 100
/ Potencia nominal (cv)

Fórmula simplificada de la tasa de carga para motores diesel de inyección electrónica y rampa común (common rail):

1/0,167 = 5,98 que aproximado a 6 da :

Tc = Consumo horario (L/h) x 6 x 100
/ Potencia nominal (cv)

La economía debida al Retrokit u otro es variable, según la tasa de carga, en virtud de la existencia de un mínimo de carburante inyectado para una velocidad de rotación dada. En el gráfico siguiente se parte de la hipótesis de que el ahorro conseguido corresponde aproximadamente a la mitad de la parte variable del consumo. Esta economía se va a traducir en porcentaje del consumo (en L/h) de manera diferente de acuerdo con la tasa de carga durante una etapa de trabajo determinada. Los valores, si bien realistas, se dan a título de ejemplo didáctico pero no corresponden a ningún caso real.

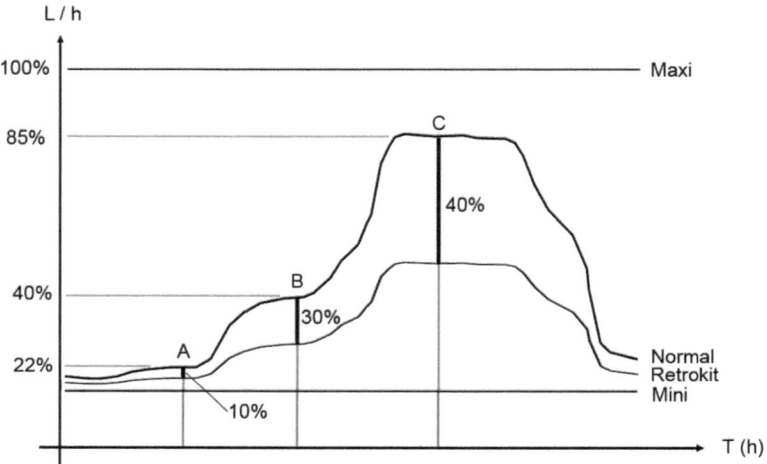

A : tasa de carga 22%, economía 10%
B : tasa de carga 40%, economía 30%
C : tasa de carga 85%, economía 40%

Fig. 49 : Impacto de las tasas de carga sobre los ahorros potenciales

Se comprende ahora mejor por qué es tan difícil tener ahorro con un vehículo de 90 cv que consume 6 L/100 en carretera a un promedio de 50 km/h. Eso da 3 litros por hora, es decir aproximadamente una tasa de carga de 15%. ¡ Más convendría un vehículo pequeño, de unos 50 cv, en el que uno pueda poner a trabajar el motor a un 50% de su carga !

Regulador de velocidad de la bomba de inyección

El rol principal del regulador de velocidad es limitar la velocidad máxima en vacío (sin carga). Los motores diesel funcionan generalmente con exceso de aire (salvo en carga plena), por lo que en caso de modificación de la carga aplicada al motor, es necesario hacer variar igualmente la cantidad de combustible inyectado con el fin de que la velocidad de rotación no varíe por fuera de los límites fijados por el fabricante o impuestos por el usuario.

En nuestro caso, el regulador debe adaptar la dosis de carburante inyectado de acuerdo con diferentes parámetros :

- el tipo de regulador ("mini-maxi" o "toda velocidad")
- la posición de la palanca de mando (acelerador)
- la velocidad de rotación del motor
- la presión de sobrealimentación.

Se distinguen los siguientes reguladores:

- de mando mecánico por masas o balines (reguladores centrífugos)
- de mando neumático, por depresión
- de mando hidráulico, por engranaje de bombas
- de asistencia electrónica (para grupos electrógenos y ciertas máquinas recientes).

Fig. 50 : La regulación es indispensable.

El regulador Mini-maxi

El regulador "Mini-maxi" sólo interviene en el ralentí y en el momento en que se alcanza la velocidad máxima del motor. En la gama intermedia, este tipo de regulador no posee una curva de regulación (ausencia de estatismo), por lo tanto el par o el régimen está determinado únicamente por la posición del pedal del acelerador.

Este tipo de regulador se encuentra en los vehículos de carretera (autos, autos utilitarios, buses, camiones).

En estos casos, el comportamiento del motor equipado con un Retro-kit o con un sistema similar dependerá no sólo de la tasa de carga sino sobre todo del comportamiento del conductor.

Cuando el conductor tiende a mantener el comportamiento inicial del vehículo, la aceleración y la velocidad serán idénticas, por lo que al reducir el recorrido del acelerador estará ahorrando carburante.

Cuando el conductor posiciona su pie como antes durante las fases de aceleración y se toma menos tiempo para alcanzar la velocidad deseada, entonces el consumo de carburante no cambiará prácticamente con respecto al número de kilómetros recorrido, pero habrá un aumento de potencia y una ganancia de tiempo.

El regulador "toda velocidad"

En el tomo 29 de "La Nature", aparecido en 1912, está descrito, bajo la rúbrica Automovilismo, en la página 51, el principio del regulador centrífugo de masas, reproducido aquí abajo. Al desplazarse, la varilla T actúa sobre la cantidad de carburante inyectada.

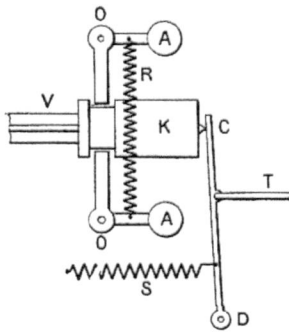

A : bolas de las palancas ; C : palanca comandada por el mango ; D : eje de la palanca C ; R : resorte de llamado de las palancas de bola; S : resorte antagonista ; T : varillaje del aparato moderador ; V : cigüeñal ; O : palancas del regulador ; K : mango corredizo sobre V.

Fig. 51 : Principio del regulador de masas.

El moderno regulador "Toda velocidad" asegura el mantenimiento de un régimen de rotación en la gama "ralentí – velocidad máxima" de acuerdo con la palanca de mando (acelerador), permitiendo elegir la velocidad requerida. A cada posición de la palanca le corresponde un régimen bien determinado que un sistema de masas centrífugas (inyección mecánica) mantendrá constante cualesquiera sean las variaciones de la carga del motor.

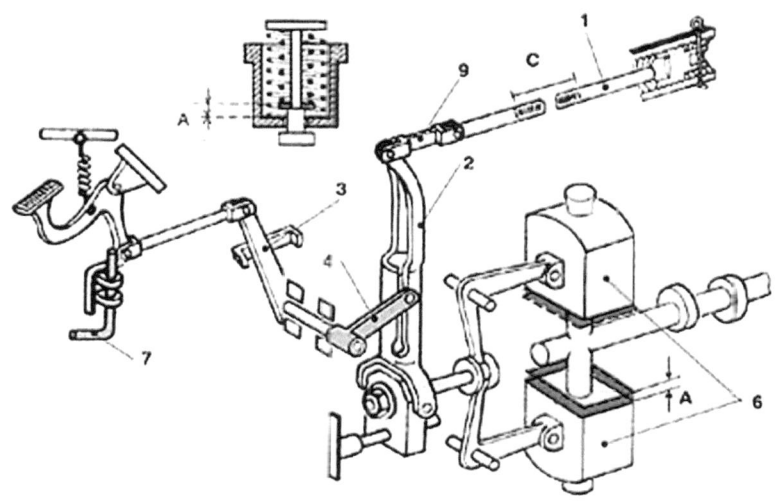

1. Varilla de graduación, 2. Palanca de graduación, 3. Palanca de mando, 4. Corredera, 5. Eje de articulación, 6. Masa, 7. Eje, 8. Guía, 9. Chapa de unión

Fig. 52 : Un ejemplo concreto de cinemática.

Este tipo de regulador se puede encontrar en los tractores agrícolas, las máquinas de cantera, forestales, enbarcaciones, motobombas, grupos electrógenos (autónomos) y motores fijos.

Los reguladores mecánicos "toda velocidad" son entonces por lo general reguladores centrífugos arrastrados por el árbol de levas de la bomba de inyección. Las masas (6) actúan sobre el o los resorte(s) de regulación y están unidos a la varilla de graduación mediante un varillaje. En funcionamiento estacionario, las fuerzas centrífugas y las fuerzas elásticas de los resortes se equilibran. La varilla de graduación adopta entonces la posición adecuada para una alimentación de carburante que corresponde a la potencia del motor en ese punto de funcionamiento. Si la velocidad de rotación disminuye, por ejemplo, luego de un aumento de la carga, la fuerza centrífuga disminuye y los resortes de regulación posicionan los masas, y en consecuencia la varilla de graduación, para una mayor alimentación de carburante hasta el restablecimiento del equilibrio.

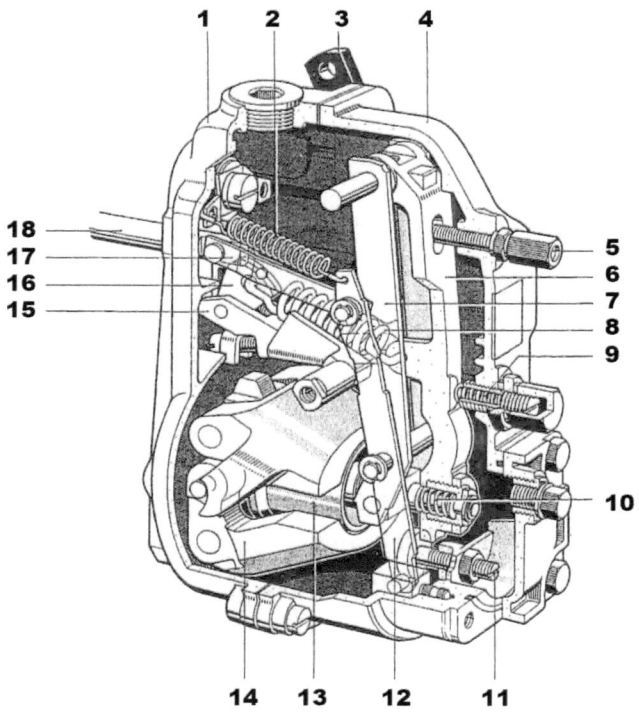

Fig. 53 : Regulador Bosch RSV de masas.

Leyenda :

1. Cárter del regulador
2. Resorte de arranque
3. Palanca de mando
4. Tapa del regulador
5. Tope de "stop" o de ralentí
6. Palanca de tensión
7. Palanca de guía
8. Resorte de regulación
9. Resorte adicional de ralentí
10. Resorte de corrección de suministro o de ralentí
11. Tope de carga plena (flujo de inyección)
12. Palanca de graduación
13. Casquillo de guía
14. Masa
15. Palanca pivotante
16. Balancín
17. Pata de unión
18. Varilla de graduación

Estatismo

El regulador "toda velocidad" se caracteriza esencialmente por la pendiente de su curva de regulación o estatismo (expresado en %). Cuanto menor sea el estatismo, mayor respetará el regulador una velocidad dada.

Fig. 54 : **Es absolutamente necesario controlar el estatismo.**

Valores de 5 a 10% son comunes para los reguladores "toda velocidad" en motores de maquinaria agrícola, de construcción (cantera) o de motores fijos, exceptuando los grupos electrógenos, para los cuales deben tenerse pequeñas variaciones de frecuencia a fin de evitar el deterioro de los aparatos eléctricos conectados ; en este caso el estatismo es de 0,5 a 6%. El estatismo de los reguladores electrónicos está comprendido entre 0,5 y 2%, mientras que va de 3 a 6% en los reguladores mecánicos.

Consideremos el ejemplo de un grupo electrógeno (50Hz, 1500 rpm) con un regulador "toda velocidad" cuyo estatismo es de 2%. El regulador debe estabilizar el régimen de rotación entre 1530 y 1470 rpm, es decir +/- 2% independiente de la carga. Si el régimen de rotación del motor se encuentra por fuera de esta zona entonces el regulador modificará el suministro de carburante para respetar la consigna "1500 rpm +/-2%", sin necesidad de actuar sobre el acelerador.

Cuando el motor funciona con carga, el gas de síntesis aportado por el Retrokit o por un dispositivo equivalente tiene como efecto aumentar el régimen de rotación del motor, o la potencia, de 7 a 10%. De acuerdo con las graduaciones, el regulador actúa entonces de dos maneras.
Si su estatismo es muy alto y no detecta el aumento de régimen, entonces no hay ninguna reducción de carburante y sólo un aumento de potencia, que no será siempre detectado o convertido según sea el sistema de arrastre (grupo hidráulico con válvulas de regulación, motobomba, hélice de embarcación).

Si el estatismo es bajo y detecta el aumento de régimen, entonces el regulador corregirá permanentemente el suministro de carburante inyectado a fin de estabilizar el régimen requerido.

Es posible modificar el estatismo de un regulador cambiando su resorte, modificando su posición, su tensión, o cambiando la variable de estatismo ("droop", en inglés; [también conocido como "caída" en español. NdT]) en la programación de las inyecciones de rampa común.

Protocolos de prueba

Hemos visto las dificultades que se presentan para obtener una validación de los ahorros mediante pruebas instrumentales. Aclaremos un tanto esta problemática.

Los bancos de pruebas usados en agricultura tienen como motivación la determinación de la potencia máxima y del par máximo. Es natural, al perseguir este objetivo, poner a trabajar el motor al límite. Pero al forzar el motor al máximo se impide al regulador cumplir su rol. La cantidad de carburante inyectado no puede disminuir pues se está al límite de la regulación y con frecuencia del suministro en plena carga. En el mejor de los casos, luego de la instalación de un Retrokit (u otro) se observa un leve aumento de la potencia, del orden de 5%. Mas ocurre también que la polución aumenta pues se está inyectando demasiado carburante, parte del cual puede no quemarse.

Para reproducir el funcionamiento normal de un motor en estos bancos de prueba hay que disminuir la tasa de carga para permitir que el regulador "trabaje".

En todos los casos, es absolutamente necesario que la velocidad pueda variar, y para ello el banco debe asegurar un par constante y no así la potencia o la velocidad.

En lo que respecta a los grupos electrógenos, sólo aquellos que no están conectados a la corriente pueden presentar ahorros. En efecto, la red eléctrica impone decididamente al grupo la velocidad de rotación para garantizar una muy alta estabilidad de frecuencia.

En esta situación, de nuevo, si hay un regulador, literalmente es poco o nada lo que podrá hacer.

En enero de 2009, en Praga, realizamos una prueba en un grupo electrógeno con un motor de gasolina convertido a gas. Este grupo estaba conectado a la corriente y nos permitió constatar una vez más que, en estos casos, no hay economía alguna.

Durante el mismo viaje hicimos una prueba en la Universidad de Liberec, en un motor Zetor con un elevado estatismo cercano a 12%, unido a un banco hidráulico reciente Schenck Dynabar. No constatamos cambio alguno a pesar de que el mismo motor, montado en un tractor, produce un ahorro de 20% en las mismas condiciones de carga. Se trata de una situación comparable a la del ensayo del motor Deutz de 3 cilindros. Se verifican ahorros durante el funcionamiento real, pero no así en el banco de pruebas.

Este es un gran problema para el desarrollo de esta técnica en vista de que **todos** los asociados nos piden pruebas, algo completamente normal.

Noticia histórica acerca de los reactores

La primera versión evidentemente es cercana a la desarrollada por Pantone. Presenta, entre otros, un gran inconveniente : la varilla en acero se oxida a causa de la condensación durante las fases de parada, lo que resulta en una duración de alrededor de cien horas. Además, puesto que no se sabía qué dimensiones adoptar, fue necesario tantear. Para completar, la instalación en un tubo de escape requiere de soldadura, lo que es una limitante en la mayoría de los casos.

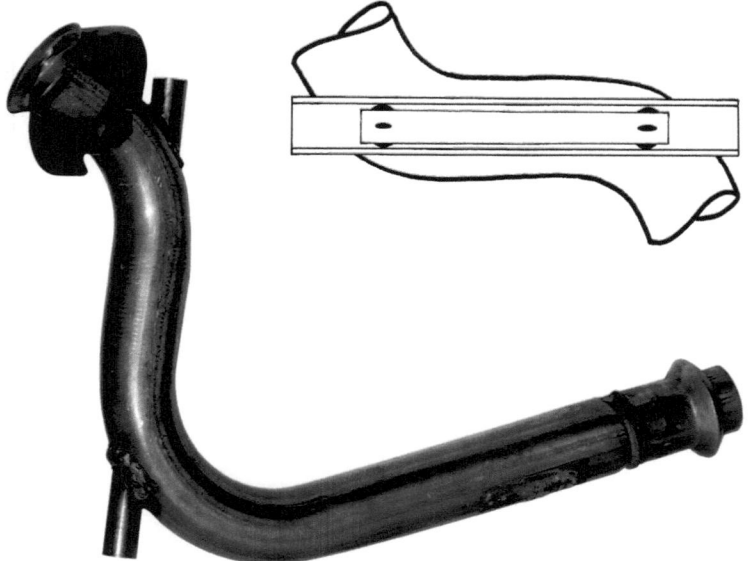

Fig. 55 : Versión 1.

La segunda versión, puesta a punto en el SPAD, consiste en utilizar un tronco en acero inoxidable para evitar la formación de óxido en el intersticio entre el reactor y el tubo. Se mantienen dos longitudes en acero estándar para mantener la función "ferromagnética". Estas varillas de muy pequeño diámetro se oxidan "razonablemente", y sobre todo el óxido no llega a taponar el reactor. Los triángulos de centrado, también en acero, son piezas de chapa de acero simple, cortadas con láser.

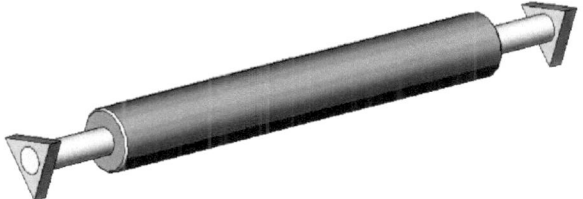

Fig. 56 : Versión 2.

La tercera versión es un reactor todo en acero inoxidable en el que se introduce un núcleo en acero ferromagnético. Los triángulos son afilados, y disponen de un agujero perforado para una instalación desmontable. Es la versión cara y de lujo con respecto a la precedente.

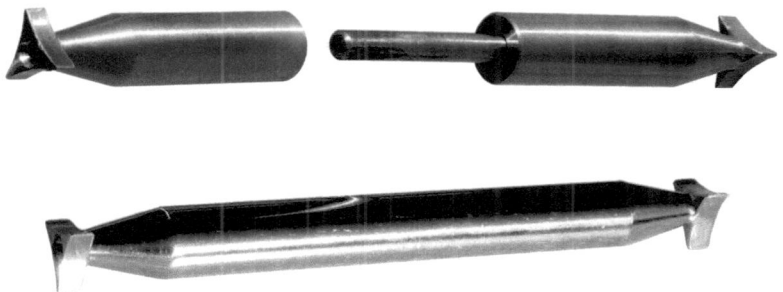

Fig. 57 : Versión 3.

La cuarta versión presenta un salto conceptual dictado por el deseo de poder insertar fácilmente un reactor en un tubo de escape, sin soldadura. Se llega así, para facilitar las instalaciones, a la ebullición separada de la familia "Retrokit serie E". La idea es re-entrar y salir del reactor por el mismo lugar, lo que supone un viaje de ida y vuelta. El cual se aprovecha para estandarizar el (los) reactor(es), cuyo número aumenta con la potencia del motor. Hay ahora entonces dos tubos, y en el centro un tronco fabricado en una aleación que es a la vez inoxidable, ferromagnética y catalizadora.

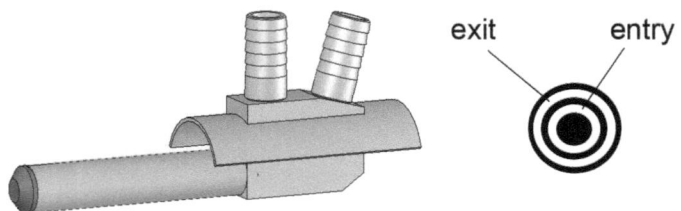

Fig. 58 : Versión 4.

La quinta versión permite superar el obstáculo representado por el tamaño. Dado que el Retrokit más pequeño de la serie "E" (denominado E1-45) no era apropiado para potencias pequeñas, decidimos utilizar sólo tubos, "desechando" el tronco central en aleación especial.

Fig. 59 : Versión 5.

El pequeño tamaño obtenido nos incita a ensayar un montaje perpendicular y sin soldadura, con un simple taladro y una tuerca. La economía está hoy día al alcance de la mano. Acabamos de inventar el "Nano" ¡ reactor calítico en miniatura !

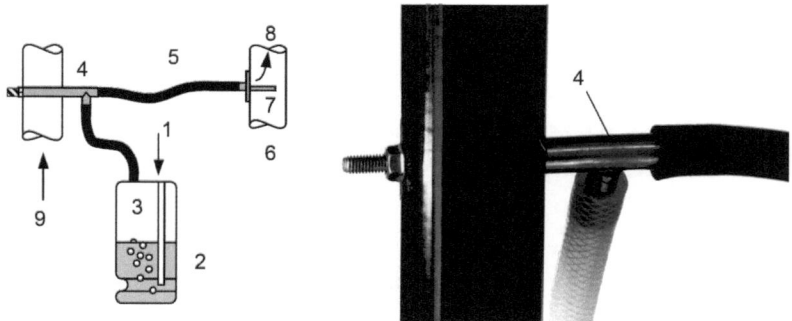

Fig. 60 : El Retrokit Nano de montaje perpendicular

El aire ambiente (1) es aspirado en el ebullidor para formar aire húmedo (3) al ser pasado por agua (2). Este aerosol es transformado por el reactor (4) en un gas de síntesis (5) que se mezcla con el aire que viene del filtro de aire (6) por el difusor (7) en dirección a la admisión del motor (8), antes del turbo. Los gases de escape (9), despolucionados, sumnistran la energía necesaria para la transformación.

Esta versión se diferencia por completo de las habituales en los "pantonistas" : ya no es necesario estar paralelo a los gases de escape, tener rodaje ni varilla central.

El Retrokit Nano es un gran paso en la búsqueda de simplicidad, de eficacia y de democratización del dopaje con agua. Se puede por supuesto utilizarlo en un montaje de tipo "cortadora" como el descrito en la primera parte. ¡ Puede así mismo servir como generador de vapor para los fanáticos de las cafeteras y de la limpieza !

En el 2009 trabajamos en la conversión del retrokit para motores de gasolina, lo que resultó bastante fácil.

El tubo de escape de los motores de encendido controlado está muy caliente, por lo que naturalmente ensayamos colocar el reactor a lo largo del escape, en su exterior, sin realizar perforaciones. Funcionó de inmediato a condición de utilizar un limitador del suministro a la salida del ebullidor, para no empobrecer demasiado el motor. Fue evidente entonces que debíamos, así mismo, probar este tipo de montaje en los motores diesel.

Obtuvimos excelentes resultados también. Se trató de un gran avance, pues implicaba que las modificaciones a realizar en el motor se volvían… insignificantes.

Una de los eslabones para la utilización en vehículos acababa de nacer.

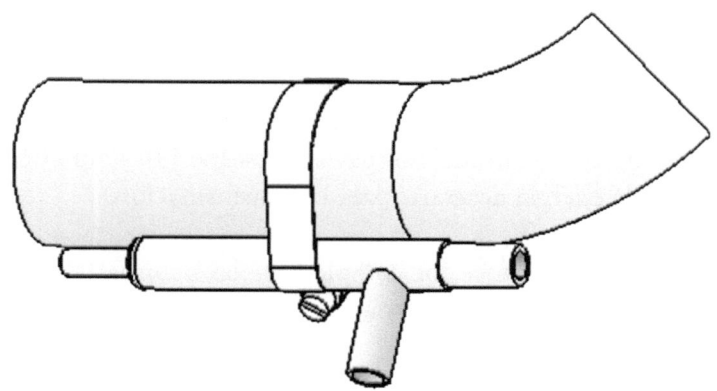

Fig. 60a : Montaje del Retrokit en el exterior del tubo de escape

Inmediatamente después nos preguntamos qué pasaría si se cambiaba la geometría misma del reactor. En el exterior del tubo de escape, había lugar a nuevas posibilidades.
La única restricción era que la circulación fuera en sentido contrario a uno y otro lado del catalizador. Desembocamos así en un reactor… ¡ plano ! El prototipo permitió un ahorro de 10% en un Renault Megane modelo reciente, lo que a priori parecía difícil de lograr.

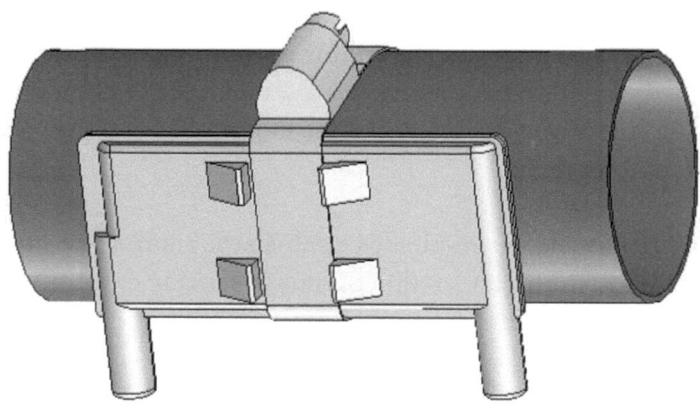

Fig. 60b : Reactor plano «Retrokit Nano Car», versión 6.

Lo bautizamos "Retrokit Naro Car", y se presta particularmente bien para una producción en grandes cantidades.

¿ Y en el 2010 ? Tenemos una idea que nos da vueltas en la cabeza y un desafío : facilitar aún más la utilización para hacer frente a las últimas reticencias de los usuarios que nos retroalimentan con sus testimonios.

Los mantendremos informados.

Los planos del SPAD

(SPAD = Système Périphérique d'Amélioration Dynamique
= Sistema Periférico de Mejoramiento Dinámico)

El SPAD, optimizador compacto para el desempeño de motores de gasolina y diesel, es un kit que funciona con agua, fácilmente adaptable a tractores, grupos electrógenos, motobombas, maquinaria TP..., motores atmosféricos o turbo con enfriamiento por aire o líquido.

El orden de magnitud del ahorro de carburante, comprobado por los usuarios, es de 20 a 60% (excepcional), variable de acuerdo con la forma de instalación y con las condiciones de funcionamiento (temperatura, tiempo de uso, variación de régimen, carga del motor...).

A continuación les proponemos los detalles de un ejemplo de SPAD simplificado para motores diesel de potencias comprendidas entre 30 y 80 caballos, o para motores diesel multicilíndricos con una cilindrada máxima de 4000 cm3 a un régimen máximo de 2500 rpm. El contenido del ebullidor es de aproximadamente 8 litros de agua, y permite una autonomía de 4 a 8 horas de acuerdo con las condiciones de funcionamiento.

Nomenclature :

Rep.	cant.	designación	dimensiones (mm)	material
1	1	reactor Ø14	Ø14x100	inox 316L (o 304L)
2	2	centrador Ø17	Ø17 espes 3	acero
3	1	tubo 1/2"	Ø21,3 espes 2 lg : 270	inox 316L (o 304L)
1 bis	1	reactor Ø15	Ø15x100	inox 316L (o 304L)
2 bis	2	centrador Ø18	Ø18 espes 3	acero
3 bis	1	tubo 1/2"	Ø21,3 espes 1,6 lg : 270	inox 316L (o 304L)
4	2	varilla	Ø6x30	stub acero
5	1	chapa de fondo	200x200x2	Chapa de acero espes. 2
6	1	chapa superior	200x200x2	Chapa de acero espes. 2
7	1	chicana	100x50x2	Chapa de acero espes. 2
8	1	molde derecho	300x200x2	Chapa de acero espes. 2
9	1	chapa trasera	300x200x2	Chapa de acero espes. 2
10	2	chapa delantera y molde izquierdo	300x200x2	Chapa de acero espes. 2
11	1	U de escape	300x(150)x2	Chapa de acero espes. 2
12	1	tubo de llenado	3/4"x150	Tubo acero
13	1	tubo de burbujeo	3/4"x150	Tubo acero
14	1	codo 3/4"	3/4"-90-3D	Tubo acero
15	2	codo 1/2"	1/2"-90-3D	Tubo acero
16	2	semi-mamelón 1/2"	1/2"x30	Tubo acero

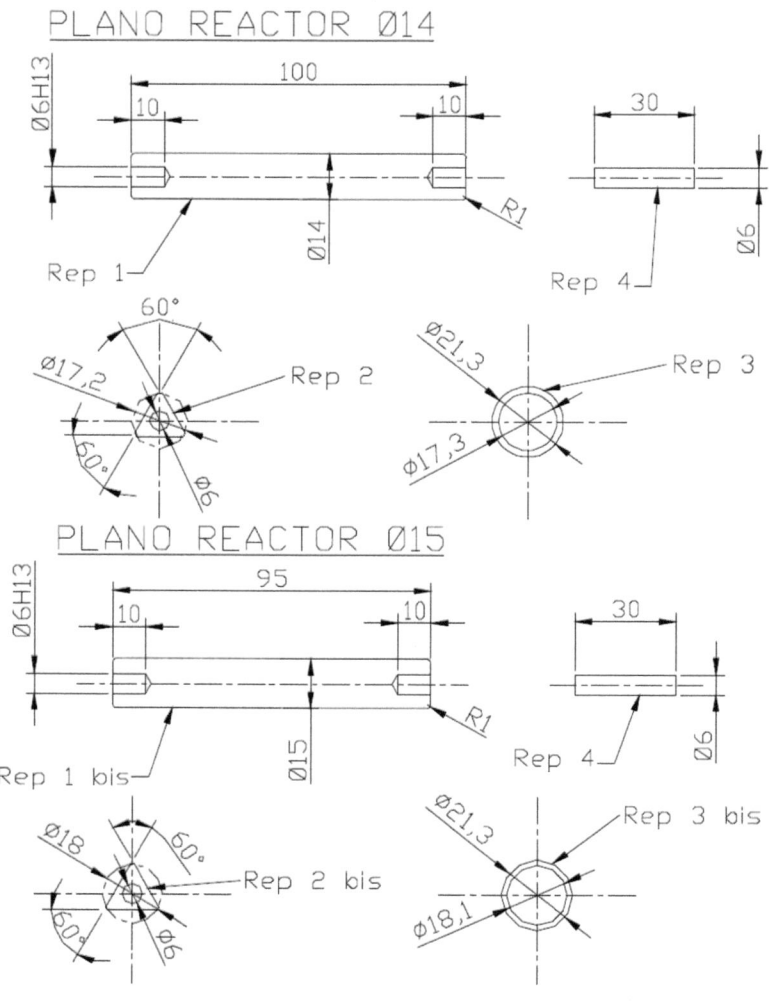

Fig. 61 : Planos detallados de los reactores del SPAD

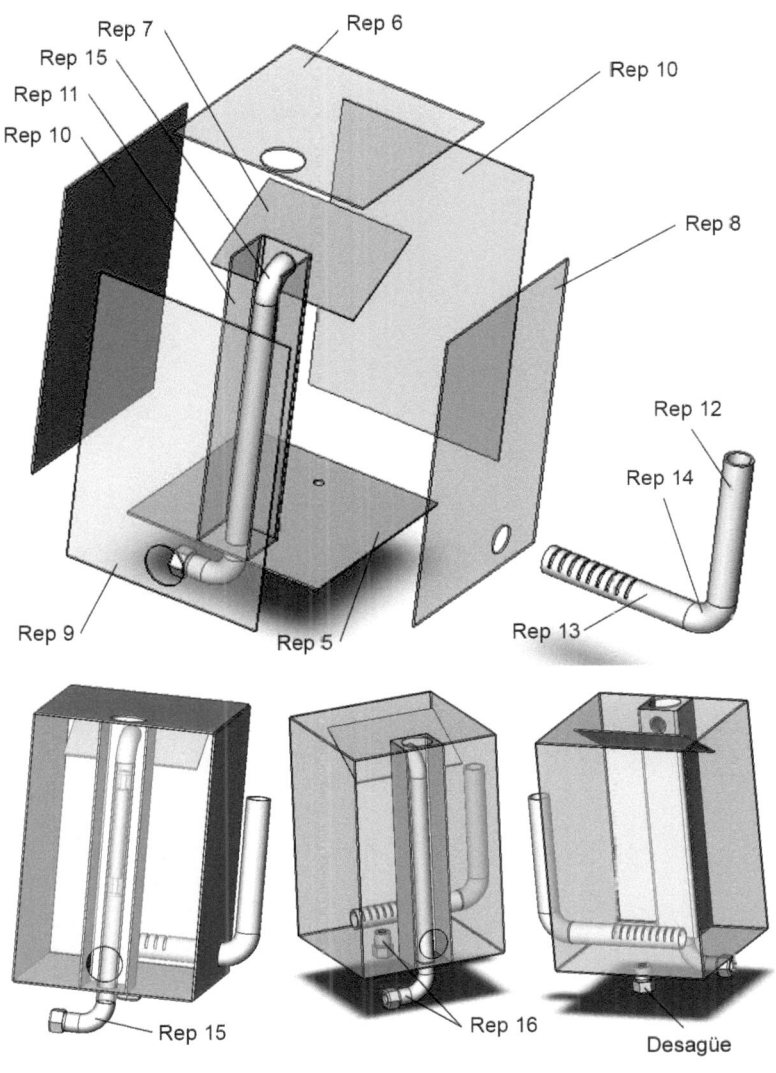

Fig. 62 : Vistas transparentes y aclaratorias del SPAD

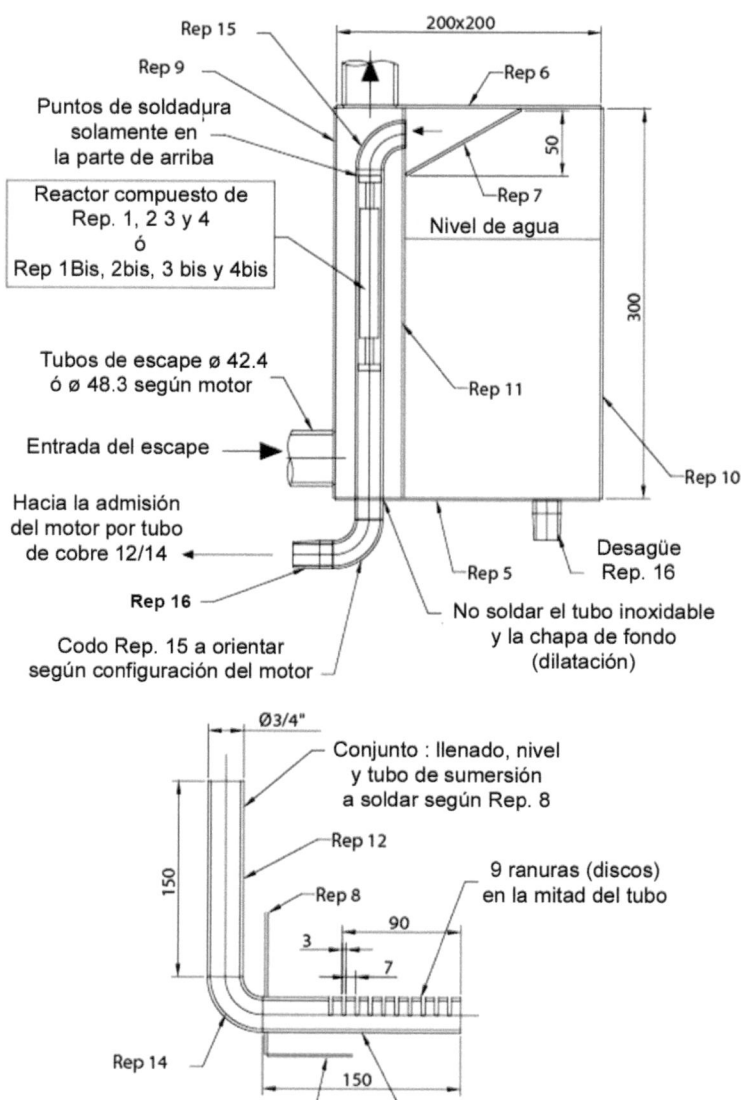

Fig. 63 : Vista 2D en corte.

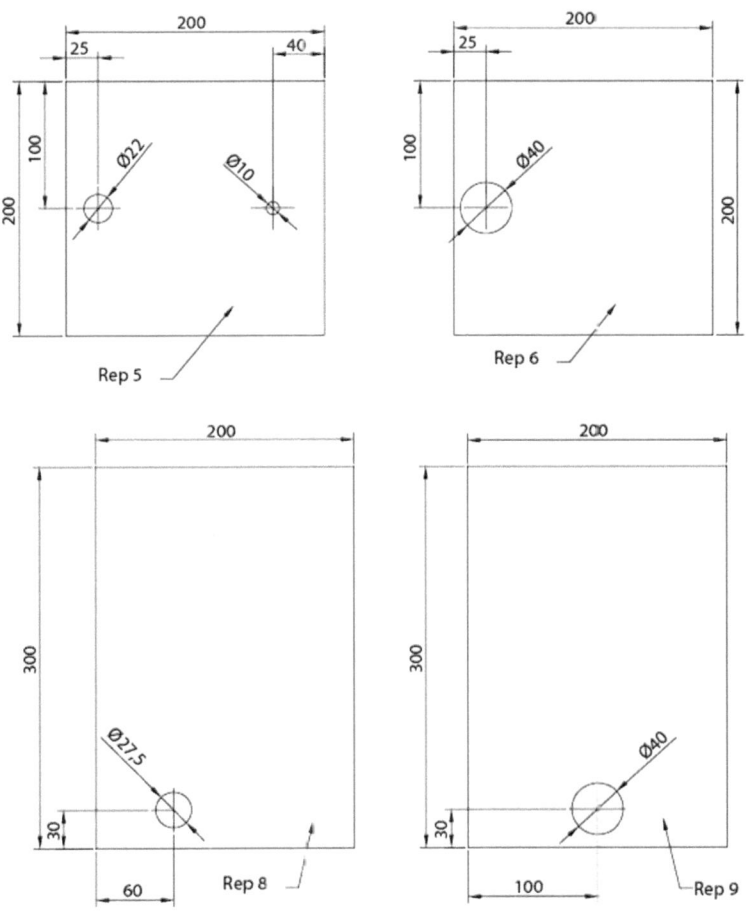

Fig. 64 : Detalle de las chapas Rep. 5,6, 8 y 9.

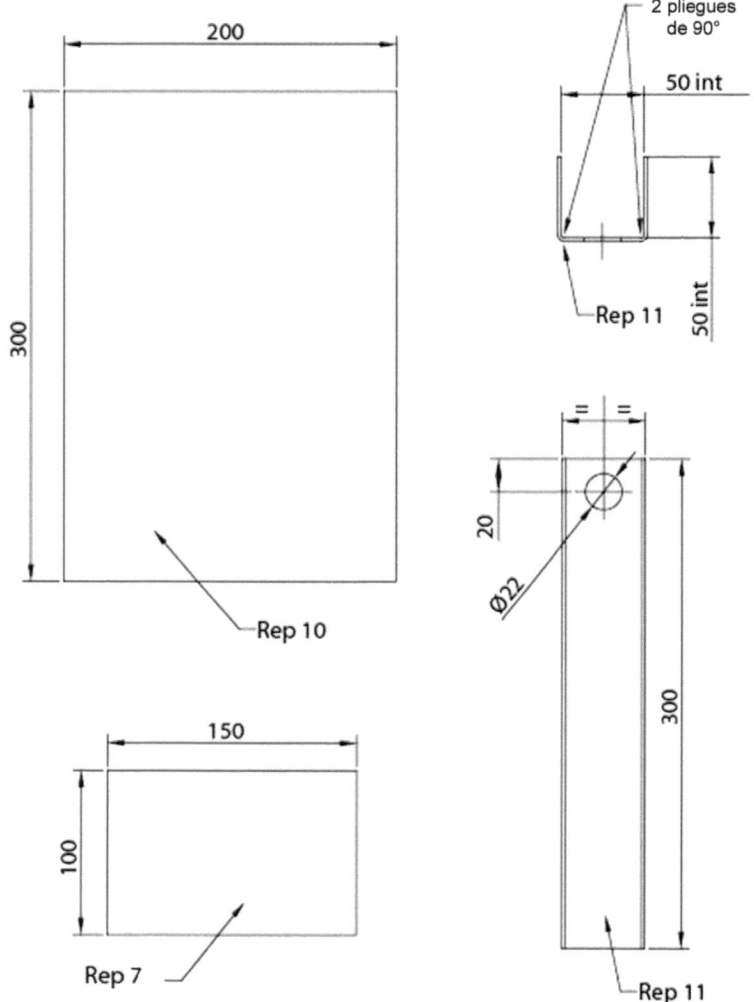

Fig. 65 : Detalle de las chapas Rep. 7, 10 y 11.

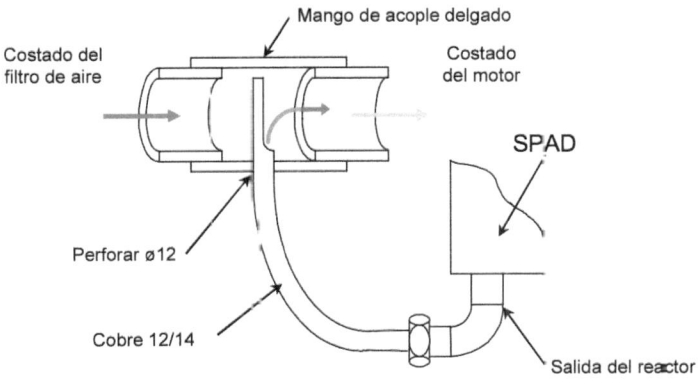

Fig. 66 : Unión del reactor con la admisión

Consejos para la utilización :

Atención : llenar el SPAD con el motor parado.

No tapar nunca el tubo de llenado Ref. 12, es posible poner un filtro (tela) cuando se trabaje expuesto a polvo o tierra (por ejemplo : tractor en labores de campo).
Utilizar de preferencia agua no potable para preservar el recurso ; si el agua es muy calcárea limpiar el ebullidor regularmente con agua avinagrada.

Modificaciones en motores diesel con una potencia inferior a 40 cv :

Usar el mismo reactor pero disminuir el tamaño del ebullidor, solamente de 3 a 6 litros según la rapidez del calentamiento del escape.
Para las dimensiones, respetar las mismas proporciones que en el ejemplo de arriba.
En lo que concierne a los motores monocilíndricos, estos deben girar bastante rápido (alrededor de 3000 rpm) con el fin de tener una aspira-

ción suficientemente constante durante la admisión.

A estas bajas potencias, el reactor estará sobredimensionado y el desempeño podrá ser decepcionante.

Modificaciones en motores diesel con una potencia superior a 40 cv :

Aumentar el número de reactores a intervalos de 100 cv aproximadamente; los valores en la tabla que sigue no son más que una estimación y pueden ser modificados de acuerdo con las condiciones de funcionamiento del motor, volumen y alimentación de agua :

Potencia	Número de reactores	Volumen del ebullidor	Volumen máximo de agua
40 a 100 cv	1	3 a 12 litros	2 a 8 litros
100 a 200 cv	2	12 a 18 litros	8 a 12 litros
200 a 300 cv	3	18 a 24 litros	12 a 16 litros
300 a 400 cv	4	18 a 30 litros	12 a 20 litros

Para las dimensiones, respetar las mismas proporciones que en el ejemplo de arriba y evitar superar los 300 mm de altura del agua.

Para aumentar la autonomía, es posible adaptar un nivel constante en el exterior del ebullidor, pero hay que tener cuidado con las vibraciones que tienen tendencia a descalibrar o arruinar los mecanismos.

Notas :

El SPAD es adaptable a todos los motores diesel que funcionan con aceites vegetales (girasol, colza, ...). Permite un funcionamiento más silencioso y reduce bastante la polución de los gases de escape.

Atención, detengan y pongan siempre en marcha su motor con gasóleo puro, es indispensable para preservarlo.

Les deseamos buenas realizaciones, ahorros de energía y un aire más sano...

**Fig. 67 : Un pequeña curiosidad : el SPAD es también...
¡ un viejo avión !**

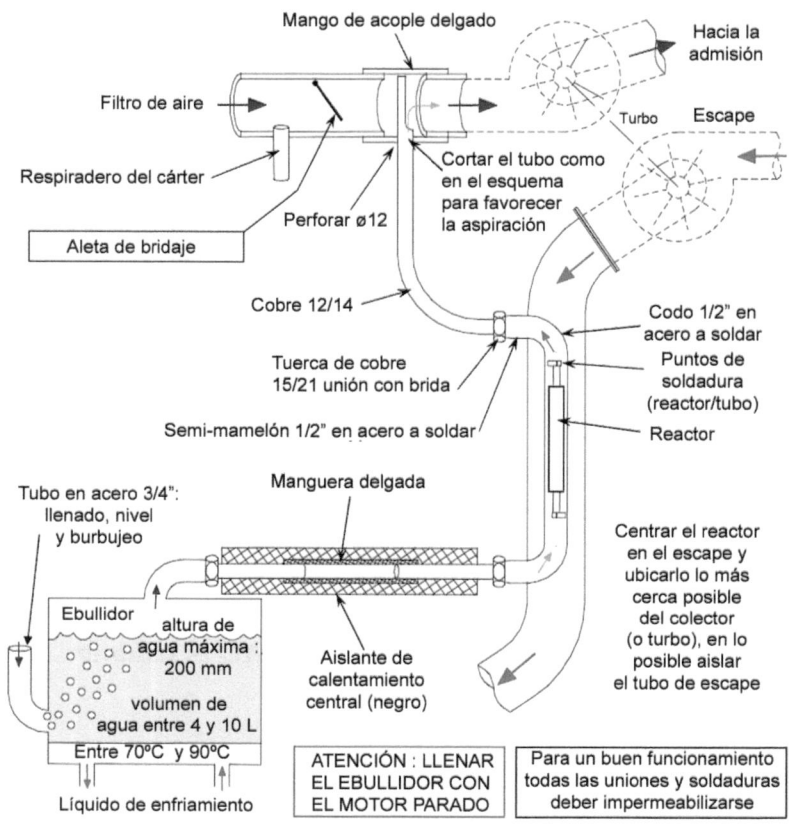

Fig. 68 : Esquema a usar si el SPAD no está adaptado

Astucia de la aleta de bridaje : Es una aleta automática (en contrapeso al resorte) que se abre por la depresión de la admisión y favorece la aspiración en el reactor en regímenes bajos. Para graduarla, escuchar el ligero burbujeo que debe comenzar por encima del régimen de ralentí.

Diagnóstico de disfunción
de motores equipados con Retrokit u otro

Avería o anomalía
Posible causa
- Intervención o corrección

Bajo consumo de agua
Mala impermeabilidad de las mangueras
- Verificar el estado de los flexibles inoxidables (rotura por vibraciones, aberturas por fricción)
- Verificar el estado de las mangueras de caucho (fisuradas, carbonizadas)
- Verificar las uniones, reajustarlas
- Desmontar la unión del difusor y soplar hacia el reactor. El agua debe salir del ebullidor por el tubo de llenado, de lo contrario verificar todos los conductos hacia el ebullidor.

Agua muy fría
- Verificar el recalentamiento del ebullidor
- No hay burbujeo por falta de aspiración en la admisión
- La manguera de admisión es de gran diámetro, lo que disminuye la velocidad de los gases de admision. Asegurar la manguera (¡ sólo en motores atmosféricos, nunca en turbos !) reduciendo el diámetro de 5 en 5 mm (arandelas plásticas)
- Disminuir el nivel del agua para tener un burbujeo entre 900 y 1300 rpm

Motor con baja carga
- Aumentar la carga del motor

Consumo de agua elevado
Ebullidor demasiado caliente
- Disminuir la temperatura del ebullidor, de acuerdo con los montajes :
- Alejarlo del tubo de escape mediante cuñas

- Reducir el suministro de líquido de enfriamiento por una compuerta de ¼ de giro montada en serie en el circuito del intercambiador
- Llevar aire fresco a la entrada del ebullidor
- Colocar el ebullidor en el exterior (lugares cálidos)
- Aspiración demasiado fuerte por el difusor
- Difusor muy grande para la manguera de admisión, reducir su longitud a la mitad
- Filtro de aire sucio, limpiarlo.

La manguera del ebullidor al reactor está fría
<u>Tubo de pequeño diámetro</u>
- Aumentar el diámetro del tubo

<u>Ebullidor muy frío</u>
- Recalentar el ebullidor (ver precedente)

<u>Aire ambiente demasiado frío</u>
- Aislar el tubo.

El motor pierde potencia
<u>Gas de admisión muy caliente</u>
- Verificar que el filtro de aire aspira aire fresco
- El tubo de salida del reactor es muy corto, lo que recalienta el aire de admisión y daña el buen llenado de los cilindros provocando una pérdida de potencia. Es necesario alargar la salida del reactor para enfriar el gas de salida del reactor antes de la inyección en la admisión, sobre todo en los motores atmosféricos y turbo sin enfriamiento ; utilizar también un tubo de cobre enrollado como enfriador.

<u>Falta de aire</u>
- Verificar el estado del filtro de aire.

<u>Carburante insuficiente</u>
- Verificar el filtro del carburante

El régimen del motor oscila y no se estabiliza (efecto de bombeo)
<u>Estatismo demasiado bajo</u>

- El regulador es muy sensible, verificar la posición del resorte y la rigidez del resorte, cambiarlo por uno más rígido en caso necesario o apretar el tornillo de tensión del resorte (bomba bosch en línea, regulador RSV).

No hay ahorro de combustible
No hay aspiración de aire en el ebullidor
- Tubería poco impermeable : ver "mala impermeabilidad de la tubería"

Trazas de caliza
- Limpiar el ebullidor y el reactor con ácido clorhídrico diluido.

Falta de agua en el ebullidor
- Llenar el ebullidor.

Motor compatible pero no hay ahorro alguno
Motor calaminado
- Hacer funcionar el motor de 50 a 100 horas en carga para soltar la calamina de las válvulas y los segmentos. Pedazos de calamina saldrán por el tubo de escape y la tasa de compresión aumentará.

Regulador gastado
- Después de bastantes horas de marcha, el regulador ha sido utilizado en un solo punto de funcionamiento, lo que ha gastado los ejes y los pivotes de las palancas y las masas. Revisar el regulador y la bomba de inyección.

El motor produce humo negro
Falta de aire
- Verificar el estado del filtro de aire.

Pedazos de calamina en el escape
- La calamina se desprende durante el periodo de rodaje, hacer girar el motor con carga durante 50 a 100 horas.

No hay regulación
- El regulador no funciona y no corrige el suministro de carburan-

te, verificar si es el original, si está engarrotado o ha sido modificado.

La frecuencia del grupo electrógeno aumenta
<u>Estatismo muy alto</u>
- Disminuir la velocidad de rotación del motor actuando sobre el acelerador de la bomba de inyección para volver a la frecuencia original (50 Hz).

Epílogo

He aquí un resumen, el más conciso que se pueda hacer de esta obra, resultado de cinco años de intenso trabajo, y de centenares de instalaciones respaldadas por nuestros colaboradores :

Cuando se adiciona al aire de admisión de un motor diesel que funciona a una carga de por lo menos 40%, con regulación reactiva (bajo estatismo), un fluido suplementario compuesto a partir de aire y agua, se obtienen, usando los sistemas que hemos descrito, sustanciales ahorros de combustible (hasta de 60%).

Aquí están, además, algunas condiciones importantes que deben ser respetadas para garantizar buenos resultados durante el montaje y utilización del Retrokit u otro.

- utilizar el motor con una tasa de carga importante (> 50%)
- regulador de la bomba de inyección de tipo "toda velocidad" con bajo estatismo (< 5%)
- el sistema debe funcionar en depresión
- verificar la impermeabilidad de toda la tubería, desde el ebullidor hasta la inyección en la admisión ; la menor fuga daña el buen funcionamiento
- utilizar agua no calcárea con bajo pH
- recalentar el agua para mejorar la evaporación, temperatura ideal del agua del ebullidor comprendida entre 30º C y 50º C, sin superar jamás los 70º C.

El resultado es empírico, pero real.

Estando así las cosas, como complemento a nuestro enfoque pragmático, convendría entender con mayor precisión el funcionamiento, analizando con precisión lo que emerge del dispositivo, lo que requeriría de equipos de diagnóstico sofisticados de los que aún no disponemos. ¿ Acaso se trata de una mezcla bifásica en el sentido clásico del término ? ¿ Se le puede llamar aerosol a este fluido ? ¿ Si las partículas que lo componen están electrizadas, cuál es su masa típica y su carga eléctrica ? ¿ Mejorarán éstas el rendimiento al romper, debido al campo eléctrico que crean en su medio, las grandes moléculas de carburante (cracking) ? Mediciones de los valores locales del campo eléctrico (muy delicadas), así como del campo magnético durante periodos prolongados serían bienvenidas. ¿ Hay de verdad una disociación de las moléculas de agua ? Hay que dejar también la puerta abierta a las interpretaciones "exóticas", por ejemplo en términos de acción de "agrupaciones de moléculas de agua" de un tamaño nanométrico. Algunos hablan de sonoluminiscencia.

Este libro relata cinco años de experimentación con los sistemas descritos, con sus tres años de trabajo cotidiano. Seguimos aprendiendo todos los días, y eso no se detendrá de repente. No se trata sólo de un pasatiempo de cacharreros convertidos en jefes de empresa, sino también de una gran aventura humana en la que la menor variación de humor o de susceptibilidad puede hacerlo cambiar todo.

Agradecemos de nuevo a nuestros clientes y colaboradores, que confiaron en nosotros sin tener una explicación "científicamente comprobada" aparte de nuestras propias conclusiones.

Intentaremos responder siempre a todos sus interrogantes.

ANEXO : DIAGNÓSTICO DE COMPATIBILIDAD

1. Persona responsable del material :
Razón social :
Nombre / Apellido :
Dirección :
Código postal / Ciudad :
País :
Teléfono :
Correo-e :
Fecha / Firma :

2. Material a equipar :
Marca :
Modelo :
Año del modelo :
- ❑ Tractor
- ❑ Motobomba
- ❑ Maquina TP
- ❑ Automotriz
- ❑ Cosechadora
- ❑ Vendimiadora
- ❑ Motor fijo
- ❑ Otro
- ❑ **Grupo electrógeno** / Características eléctricas :

Marca del generador :
Potencia (kVA) :
Potencia (kW) :
Intensidad en Amperios (A) :   Frecuencia (Hz) :
Cos (Phi) :   Número de fases :

3. Motor
Marca :
Número de cilindros :
Cilindrada (cm3) :
Potencia (cv) :
Régimen de utilización (rpm) :
Diámetro del escape (mm) :
Alimentación :
- ☐ Atmosférico
- ☐ Turbo
- ☐ Sin intercooler
- ☐ Con intercooler aire / aire
- ☐ Con intercooler aire / agua
- ☐ Compresor

4. Datos complementarios
Kilometraje :
Número de horas de funcionamiento :
Número de horas de funcionamiento anual :

5. Consumo (L/h)
Promedio :
Consumo mínimo :
Consumo máximo :
Grupo electrógeno :
al 50% de carga :
al 70% de carga :
al …% de carga :

6. Bomba de inyección

Marca :
- ❑ Stanadyne
- ❑ Bosch
- ❑ CAV / Lucas
- ❑ Rotodiesel
- ❑ Otra : ...

Tipo :
- ❑ En línea
- ❑ Rotativa
- ❑ Rampa común
- ❑ Inyectores bombas

Identificación :
(Ver placa)
Número de modelo :

Número de serie :

Regulador de la bomba de inyección :
(Ver placa)
Número de modelo :

Número de serie :

www.ingramcontent.com/pod-product-compliance
Ingram Content Group UK Ltd.
Pitfield, Milton Keynes, MK11 3LW, UK
UKHW041437180426
11947UKWH00007B/488